精品书系

我们爱科学

DUGUSHI XUESHUXUE

读故事，学数学

刷刷 / 著

# 智开密码锁

中国少年儿童新闻出版总社
中国少年儿童出版社

北 京

**图书在版编目（CIP）数据**

智开密码锁 / 刷刷著. — 北京：中国少年儿童出版社, 2017.6（2018.12重印）

（《我们爱科学》精品书系·读故事, 学数学）

ISBN 978-7-5148-3955-5

Ⅰ. ①智… Ⅱ. ①刷… Ⅲ. ①数学 – 少儿读物 Ⅳ. ①O1–49

中国版本图书馆 CIP 数据核字（2017）第 112599 号

**ZHIKAI MIMASUO**

（《我们爱科学》精品书系·读故事, 学数学）

出版发行：中国少年儿童新闻出版总社
中国少年儿童出版社

出版人：孙 柱

执行出版人：赵恒峰

| | |
|---|---|
| 策划、主编：毛红强 | 著：刷 刷 |
| 责任编辑：吕卫丽 | 封面设计：缪 惟 |
| 插 图：图德艺术 | 版式设计：朱国兴 |
| 责任印务：厉 静 | |

| | |
|---|---|
| 社 址：北京市朝阳区建国门外大街丙 12 号 | 邮政编码：100022 |
| 总编室：010-57526070 | 传 真：010-57526075 |
| 发行部：010-57526608 | |
| 网 址：www. ccppg. cn | |
| 电子邮箱：zbs@ccppg. com. cn | |

印刷：北京盛通印刷股份有限公司

| | |
|---|---|
| 开本：720mmx980mm 1/16 | 印张：9 |
| 2017 年 6 月第 1 版 | 2018 年 12 月北京第 2 次印刷 |
| 字数：200 千字 | 印数：30001-33000册 |

| | |
|---|---|
| ISBN 978-7-5148-3955-5 | 定价：25.00 元 |

图书若有印装问题，请随时向印务部退换。（010-57526718）

# 作者的话

亲爱的读者，当你拿起这本书的时候，你一定充满好奇和期待吧？你一定在想，数学故事到底是有趣还是乏味？数学故事和数学习题册又有什么不同？你肯定在心里暗暗祈祷——这本书一定不要是把我"考"晕的数学作业。

嘿嘿，我可以向你保证，这本书绝对不是数学作业！

其实，学数学是一个由简单到复杂的过程，这个过程最开始，人人都觉得简单而有趣。就拿数数来说吧，在幼儿园里，很多小朋友就能轻松从1数到100。如果有两盒糖，一盒是20粒，一盒是30粒，很多小朋友会选30粒那盒，因为30粒比20粒多呀！瞧，这就是我们对数学的一种应用。

好了，你现在肯定明白我的意思了：数学和生活密不可分。

数学知识源于生活又高于生活，可它最终服务于生活。也就是说，我们学数学是为了解决现实生活中的问题。比如：你去超市买东西，付款需要用到加减乘除；8点上课，几点从家出发才合适？你需要计算路程、速度和时间之间的关系……生活中的数学问题数不胜数。

简单的数学问题容易解决，可是一遇到复杂的数学问题，很多同学就觉得无从下手，进而认为数学太难太枯燥，没意思。其实，数学很有趣，解数学题也不难，只是你需要方法。

"读故事，学数学"丛书就是一套完整的数学秘籍。书里的故事有的很可笑，有的很机智，有的又充满挑战，无论怎样的故事，都是为了帮你进一步掌握解决数学问题的方法和技巧。

可以说，数学像一把神奇的金钥匙，能引领你打开阿里巴巴的宝藏之门，让你获得更多的智慧！

你的大朋友：刷　刷

智开密码锁

# 目录

# 修造大雁塔

　　唐僧、孙悟空、猪八戒、沙僧师徒历经九九八十一难，终于不辱使命，从西天取得真经，回到大唐。昔日默默无闻的4人，瞬间成了大唐人人皆知的风云人物。

　　上至唐王，下至百姓，无不对他们的丰功伟绩交口称赞。这不，大唐评选十大杰出人物的时候，唐僧师徒的呼声非常高。在众人的支持下，"唐僧师徒"组合以高票入选，成为大唐

十大杰出人物之一。

获奖名单一公布，师徒激动地拥抱在一起。唐僧含着热泪对悟空说："这一路上，如果不是你除魔降妖，为师恐怕没有今朝呀！"

"一日为师终生为父。师父，如果没有您，俺老孙说不定还在五行山下压着呢！"悟空掏出手帕替师父擦去眼泪。

"师父，"沙僧见师父有些激动，连忙劝慰，"这一路上，我们师徒齐心协力，共渡难关，今天获此殊荣，应该高兴，应该庆祝！"

"对对对！"唐僧平复了一下心情，对悟空说，"马上

就要召开记者见面会了，我们去准备一下吧。"

记者见面会上，师徒们被记者团团围住。摄影师把镜头对准唐僧，一个记者问："请问唐长老，您当选十大杰出人物的感想是什么？您最想感谢的人是谁？"

"感想嘛，一言难尽。总之，我要努力做好佛经的翻译工作，不辜负大家的期望。我最想感谢的人是如来佛祖和观音菩萨，如果不是他们的帮助，我不可能完成去西天取经的大业。"接着，唐僧说了一堆要感谢的人，整个记者会变成了唐僧的感恩大会。

3个徒弟没机会出镜，也没机会发言，心中有些不快，可碍于情面，纵有一千个不满，也只得默默站在一边，当个陪衬。

"八戒先生！八戒先生！"突然，一个胖乎乎的男士挤上前来，凑到八戒身边，毕恭毕敬地递上名片，"我是香喷喷饭庄的老板。您食欲超好，饭量惊人，所以我想请您当我们饭庄的形象代言人。"

"形象代言人？"八戒扭头对悟空和沙僧说，"别人都嫌我丑，嫌我吃得多，想不到居然有人要请我当形象代言人！"

"八戒先生，如果您愿意，我们会支付给您九百九十九两银子，这个酬（chóu）劳可不菲哦。"胖男士说。

"二师兄，快签约，快签约！"沙僧在一边劝八戒，"现在取经任务已经完成，这意味着我们将要下岗。这份摆在眼前的工作，你可不要错过呀！"

"嗯嗯！"八戒像鸡啄米似的点着头，"我签约，我签约。"

八戒毫不犹豫地签下了香喷喷饭庄形象代言人的合约。

眼瞅着八戒找到了新工作，悟空和沙僧很是羡慕，羡慕的同时，心里不禁有些酸溜溜的。特别是身怀绝技的悟空，心里很不是滋味：

"唉！可叹我一身好本事，

却无人赏识。"

"是呀，我一贯勤劳勇敢，怎么就没有伯乐发现我呢？唉——"沙僧也在一边跟着唉声叹气。

那个胖男士听到他们的话后，忙对悟空和沙僧说："悟空先生，我旗下还有个电影公司，可以请您做特技演员；沙僧师父可以去我旗下的物业公司工作。不知你们意下如何？"

"太好了！太好了！"悟空和沙僧脸上乐开了花，连忙说，"能有份工作做我们就知足了，我们接受您的邀请！"

悟空和沙僧与胖男士一拍即合。胖男士递过合同书，请他们签字。谁知他们刚要签字，却有人高喊："圣旨到！唐僧师徒接旨——"原来，是宫廷总管带着一些人前来宣旨。

总管打开圣旨，宣道："为弘（hóng）扬佛教精神，提高人们的素养，以繁荣、造福我大唐，今下旨，令唐僧师徒尽早把全部佛经翻译出来……"

总管宣读完圣旨，手指窗外说："几位师父，佛经我已经给你们搬来了。"唐僧师徒伸长脖子朝窗外一看，呵，十几只大箱子正躺在路边呢。

沙僧和悟空只好放弃即将到手的工作，准备协助师父翻译佛经。八戒只是代言人，还可继续履行合约。

经过一番折腾，师徒终于把十几只沉甸甸的大箱子搬进了他们的宿舍。尽管他们已经成了大唐的名人，但住的地方

依然是唐僧取经前的宿舍。宿舍不大，只有一间房，十几只箱子搬进去，连床铺都被占用了。

"师父，箱子占着我的床铺，我晚上怎么睡觉？"八戒嘟着嘴表示不满。

"师父，您不是喜欢打坐吗？您的床铺可以多放些箱子吧？"悟空耍起了小聪明，抱起自己床上的箱子，试图往唐僧床上放。

"对对对，师父，我们的箱子也放到您的床上吧，您晚上打坐用不着床。"沙僧和八戒也附和道。

唐僧闻听此言，呵斥道："你们如此自私自利，难道不羞愧吗？今天，为师罚你们不许睡觉，连夜整理佛经！"

见师父发火，3个徒弟不再言语。他们乖乖地去开箱子，却发现每只箱子上都挂着一把密码锁。

"这锁怎么打开呀？上面又是星星，又是圆圈的，啥意思呀？"八戒指着自己面前箱子上的锁嚷嚷道。

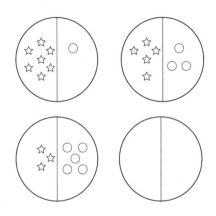

悟空走过去看了看锁上的图案（如上图），说："这是让咱们设置最后一个图上的星星和圆圈，设置正确锁才可以打开。"悟空用手指点了下八戒的脑袋，"你个猪脑子，这还不明白！"

"我是猪脑子，你聪明，你来把这锁打开！"八戒生气地拉住悟空，让悟空开锁。悟空看着锁，一阵抓耳挠腮，却看不出其中的奥妙。

"哎呀，我这锁怎么开？"沙僧看着自己面前两只箱子上的锁（图见下页），跺着脚，干着急。

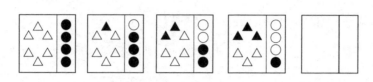

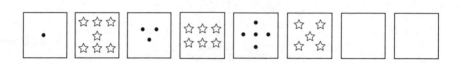

　　"好像也是要在最后的图中填上合适的图形。"八戒凑上去看了看说。

　　可是该怎么填呢？八戒、沙僧、悟空你看看我，我看看你，谁也想不出答案。无奈之下，他们只好求助地看向唐僧："师父——"

　　"唉，朽木不可雕也！"唐僧在3个徒弟的头上各敲打了一下，"难道你们不会仔细看看图吗？"

　　"看图？"3人又一次凑到锁前仔仔细细地看了一番，可是依然云里雾里，不知如何下手。

　　"师父，我们看不懂，您给我们指点指点迷津吧！"八戒冲唐僧拱手。

　　"请师父指点迷津！"悟空、沙僧也拱手求师父。

　　"好吧，我来给你们讲一讲。"唐僧给徒弟们详细地说起来，"八戒这把锁，有4个图。仔细看前面3个图，每个都分为左右两部分。第一个图左边7颗星星，右边1个圆圈；第二个图左边5颗星星，右边3个圆圈，比第一个图少了2颗星星，多了2个圆圈；再看第三个图，左边3颗星星，右边5个圆圈，又比第二个图少了2颗星星，多了2个圆圈。据此，我们可以找出规律——后一个图比前一个图左边少2颗星星，右边多2个圆圈。所以，最后一个图应该是左边1颗星星，右边7个圆圈。"

"原来如此。"悟空脑袋开窍了，他仔细看了看沙僧面前第一只箱子上的锁，说，"这个锁的规律是：左边每次多1个黑三角，右边少1个黑圆圈。最后的图是左边4个黑三角2个白三角，右边全是空心圆圈。"

"我明白了，我明白了！"沙僧指着自己面前另一只箱子上的锁说，"这个锁的规律应该是……"

"沙师弟，你别说出答案！"悟空把八戒拉到箱子面前说，"让八戒给你解锁，看看他这个猪脑子是不是也开窍了。"

"好你个猴子！我……我……"八戒有些气恼，但又忍不住冒出好胜心，"好，你们看我的！"八戒思考了一会儿，居然真的把锁给打开了。"嘿嘿，俺老猪是个聪明猪。"八戒得意洋洋起来。

大家都来了兴致，争先恐后地破解箱子密码，打开了一只又一只箱子。

## 知识板块

故事中的这类题，属于找规律题型，可以锻炼同学们的观察能力、思考能力和推理能力。

解这种题的时候，一定要全面地分析前后图形的位置、大小、数量、颜色、形状等各个因素，总结出规律，千万不要丢掉任何因素。

八戒解开的那把锁，规律是这样的：圆点和星星交替出现，并且圆点每次增加2个，星星每次减少1颗。最后两个方框中应分别填上7个圆点和4颗星星（如下图）。

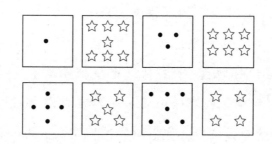

**思路拓展：**我们还可以做一些有关数字规律的题目。

**例题1：**10, 16, 22, （ ）, （ ）, （ ）, 括号中该填什么数？

**分析与解答：**在做数字规律的题目时，首先要看这一列数是由小到大，还是由大到小排列，再找出数之间的规律，比如是加几、减几还是其他什么规律，规律找到了，答案就很容易得出。

这个数列的规律是：后一个数比前一个数多6，所以括号中应分别填入28，34，40。

**例题2**：43，35，27，（ ），（ ），（ ），括号中该填什么数？

**分析与解答**：这个数列的规律是：后一个数比前一个数少8，所以括号中应分别填入19，11，3。


箱子全部顺利打开，师徒开始整理佛经。

他们干了一夜，又困又饿。天已大亮，八戒摸着肚皮嚷嚷道："师父，我饿得要死，干不动了！不如先叫个外卖，填饱肚子再干。"

悟空用手指在八戒脑门儿上一弹："叫什么外卖！"

"我……"八戒正要辩解，却听悟空说道："不如我们一起去香喷喷饭庄大吃一顿。八戒，你不是香喷喷饭庄的形象代言人吗？说不定能让我们免费吃呢！"

闻听此言，唐僧生气地说："悟空，你怎能说出这样的胡话！看来，为师得好好管教管教你了！"

"别别别！"见师父生气，悟空忙给师父作揖（yī），"师父，您饶了我吧！"

这时，门外传来一阵吵闹声，转眼间，门咯吱一声被人打开了，几个人簇拥在门口。"唐师父，我们是您的粉丝，想请您签个名！""唐师父，我们是国际旅游协会的，想邀请您当旅游大使！""唐师父，我们是大唐电视台的，想请您录制节目！"

送走这些人后，唐僧苦恼地说："唉，要是天天这么吵闹，我如何翻译佛经？"

"师父，我有个主意。"悟空跳到师父面前，"我们3人都不懂梵（fàn）语，翻译佛经的事儿全得靠您。既然您老人家嫌找您的人太多太吵，不如这样，我回花果山，八戒回高老庄，沙师弟回流沙河，然后我们用微博通知天下人，以后有采访、代言等事儿就来找我们，我们负责接待。您老人家独自安安静静地在这里翻译经书。您看，这主意可好？"

"这主意不好！"沙僧接话说，"我们怎能丢下师父不管呢？"

八戒眼珠一转，说："要不我们修一座高塔，让师父坐在高高的塔顶上工作，我们3人在塔下收门票……"

"什么？"唐僧双目一瞪。

"不不不！"八戒赶紧改口，"徒儿的意思是，我们在下面阻挡打扰您的人，您尽管安心翻译佛经。"

"好办法！好点子！"悟空和沙僧都竖起大拇指称赞。

唐僧也满意地笑了："此办法甚好！明日，我去找唐王，让他给我们批地拨款，建造一

座高塔。"唐僧说完，双手合十，"阿弥陀佛！为师要在塔中供奉从印度带回的佛像、佛舍利和佛经。这座塔得修建得既漂亮又不失威严，最好像印度的雁塔，对，就给这座塔取名'大雁塔'吧！"

次日，唐僧顺利从唐王那里申请来了建塔的土地和资金。

"我宣布，大雁塔工程开工——"随着唐僧一声令下，3个徒弟立刻带着工人们忙活起来——丈量土地，采办木材砖块，制定施工进程……看着工地上一派繁忙景象，唐僧露出满意的笑容，心想：大雁塔竣（jùn）工，指日可待。

这时，工程总指挥悟空却一脸苦相地跑过来："师父师父，我们遇到麻烦啦！"

"什么麻烦？"

"您瞧，"悟空展开手中的工程图，指着图纸说，"唐王给我们的这块地是正方形的，面积不大，但为了修建大雁塔，允许我们在此基础上将土地扩大。"

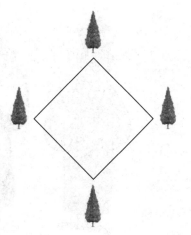

"麻烦在哪儿？"唐僧不解。

"按照大雁塔的设计要求，土地必须扩大成原来的两倍。可这块地的4个角上都种有千年古树，它们妨碍土地扩大。"

"这有什么难的，"八戒凑过来说，"直接把那些碍事的树砍了不就行了？"

"我想砍树，可那边——"悟空手一指。工地四周不知何时围上一群绿色环保组织的人员，他们举着标语牌高声抗议："不许砍树！不许砍树！""保护古树，人人有责！"

"这可如何是好？"第一天施工就遇到了麻烦，唐僧的头都大了，"这土地要扩大成原来的两倍，又不能砍伐树木，这可怎么办？徒儿们快想想办法。"

沙僧道："师父，何不求观音菩萨指点一二？"

唐僧眼睛一亮："好！为师就派你们3人去紫竹林一趟！"

八戒从怀里掏出手机说："不用跑路，现在神仙也提倡科技化，观音菩萨也使用手机了。"说完，八戒就拨打观音菩萨的手机号，谁知对方关机了。

唐僧见状，生气道："八戒，你这么懒，罚你一人去讨教！"

没办法，八戒只好独自驾云飞向紫竹林。

紫竹林里好热闹，人山人海，有来问如何提高考试成绩的，有询问学习技巧的，还有和人发生矛盾了来寻求和解妙招的……

八戒挤到观音菩萨面前。

"八戒，你怎么来了？"观音菩萨问，"佛经翻译得顺利吗？"

　　八戒双手合十，毕恭毕敬地回答："菩萨，我这次来找您，正和翻译佛经有关。"

　　"哦？到底何事？你快快讲来。"

　　"事情是这样的，我们师徒想修建一座大雁塔，安心翻译佛经，谁知……"八戒将事情的原委说了一遍，请求观音菩萨给予帮助。

　　菩萨听后双手合十："阿弥陀佛！如此简单的问题你们都解决不了，真令我失望啊！"

　　八戒羞愧地低下头："求菩萨指点。"

　　观音菩萨拿起笔画了一个图，解释道："先画出正方形的对角线，再补画出 4 个小三角形，这样一来，就可以

让地皮扩大成原来面积的两倍，同时又不需要砍去那4棵古树了（如下图）。"

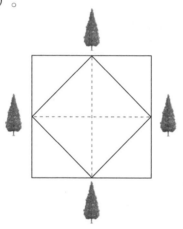

八戒一看，此法果然妙而简单，既不用砍树又能扩大土地面积，不禁高兴得跳起来："妙极了！妙极了！我马上回去告诉师父，我们可以顺利地建造大雁塔了！"

"慢！"观音菩萨叫住八戒，眉头紧锁，"看来你们师徒的数学水平很糟糕。要想造福大唐，你们还得提高一下数学水平。"

"菩萨的意思是？"八戒恭恭敬敬地看着菩萨。

　　"你知道吗？印度不仅是佛教的发源地，数学水平也很高。印度经典名著《绳法经》在数学史上相当有影响，里面详细介绍了一些几何原理。我认为这些知识有助于你们修建大雁塔。昨天我得到消息，印度即将举办世界数学研讨会，许多数学专家和数学爱好者都会去参加。你们师徒不如再去一趟印度，一方面去参加这次数学盛会，另一方面报一个数学培训班学习数学知识，相信你们会有收获的。"

　　八戒一听又让他们去印度，急得直流汗："大慈大悲的观世音菩萨，我们取经回来后，还没好好歇歇，好好吃吃呢。可否请印度派人来交流？再说了，唐王还让我们尽快把佛经翻译出来呢。"

　　观音菩萨道："八戒，你是不是畏惧艰难了？看来上次取经，你还没有锻炼到位，这次我要你好好锻炼一下意志。"

　　说完，观音菩萨拿起电话："喂，佛教协会吗？我认为唐僧师徒上次取经还锻炼得不够，这次印度世界数学研讨会，我希望派他们去参加，让他们认真学习数学知识，提高数学水平。对了，为了磨炼他们的意志，我要求你们冻结他们的信用卡，让他们一路化缘而去。"

　　放下电话，观音菩萨又对八戒说："关于翻译佛经之事，我会请求唐王让你们延后翻译的。"

　　八戒听到这些话，双腿一软，瘫（tān）坐在地上。

知识板块

　　故事中的扩大面积问题,解题的关键在"让角上的点(树的位置),变成边上的点",这是解决这类几何问题的技巧。

　　再举一个例子加以说明。

　　**例题:** 下边这个正三角形,如果要将其面积扩大为原来面积的 4 倍,同时不移动红旗的位置,该如何实现呢?

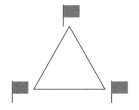

　　**分析与解答:** 根据"让角上的点变成边上的点可以扩大面积"的原理,我们过 3 面红旗所在的 3 个点分别作 3 条直线,3 条直线形成一个大三角形,3 面红旗分别在大三角形 3 个边的中点,这样面积就扩大为原来的 4 倍了(见下图)。

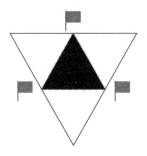

# 观音院逃生

　　八戒沮丧地走出紫竹林，抬头看看蓝蓝的天空，低头看看青青的草地，不禁叹息道："唉，师父派我来向观音菩萨寻求解决扩大土地面积的妙招，谁知妙招求到了，却又捎回个苦差事。回去后，我怎么向师父交代呀！师父听后肯定会生气的。还有那猴哥，定会将我骂个狗血喷头，或许还会痛打我一顿呢！呜呜——俺老猪真命苦呀！"

　　八戒越想越心慌，越心慌越不停地想，他磨磨蹭（cèng）蹭地往回返，直到日落西山才回到宿舍。

　　"师父——"八戒一进屋，便一下子跪在唐僧面前，号啕大哭起来，"师父啊师父，您打我骂我吧，呜呜——"

唐僧被八戒的举动吓了一跳，忙问："八戒，你这是怎么了？难道你没见到观音菩萨，没讨到扩建土地的妙招？"唐僧扶起八戒，轻拍着八戒的后背，好言安慰道，"罢了，罢了，没见到观音菩萨也没关系，为师再想别的办法。"

　　"不，观音菩萨见到了，扩建土地的妙招也讨来了，只是……"八戒止住哭泣，从怀里掏出一份文书递给唐僧，"观音菩萨觉得我们的数学水平差，让我们再去一趟印度，参加世界数学研讨会，还要进修数学。"

　　"八戒，这是好事呀！"唐僧面露喜色，"有道是'艺多不压身，艺高人胆大'。等造好大雁塔，翻译完佛经咱们就去。"

　　"师父，菩萨让咱们立即动身。"八戒道。

　　"啊，那经书什么时候翻译啊？"唐僧担心不能尽早翻译出佛经，会遭唐王怪罪。

　　"观音菩萨说，她会请求唐王宽限一些时日，让咱们从印度回来后再翻译。"

　　"是这样啊。悟净，速速去订机票！"唐僧对沙僧说。

　　"师父——"八戒抱住唐僧的胳膊，又哭起来，"师父啊师父，您可别怪罪我啊。因为我说话不得体，惹怒了观音菩萨，她把我们的信用卡冻结了，说我们必须步行去印度。"

　　"步——行？"听了八戒的话，唐僧如当头一棒，一屁股坐在椅子上。

"八戒，你这个笨蛋！你办事不力，害我们又要出门吃苦！"悟空挥起拳头砸向八戒……

嘀嘀嘀！唐僧的手机收到观音菩萨发来的短信："玄奘（zàng），命你们师徒明天一早出发，不得延误！"

于是，师徒赶紧打点行装，做好长途跋涉的准备。

悟空取出金箍棒，一边擦拭，一边叹息："自从取经回来后，这金箍棒一直闲置着，不知它是不是还那么好用？"

八戒从犄（jī）角旮（gā）旯（lá）儿里拖出钉耙（pá），钉耙上面已有锈迹，他找出砂纸除锈。

尽管心不甘，情不愿，但是观音菩萨的话就是最高指示。次日，天刚蒙蒙亮，师徒再一次来到城外的十里亭。

本以为此次出行无人送行，岂料唐王重情重义，一早就带着皇家卫队赶到十里亭为他们送行。

"御弟啊，"唐王拉着唐僧的手嘱咐道，"此去山高路

远，你们没有信用卡，估计一路会很艰苦。分别之际，我送你一点儿礼物：三防手机一部，外加全球通号码，有事你们可以随时求救，还有皇宫高科技工厂独家打造的电子马一匹，你骑去吧。"

正当大家道不尽离别情的时候，观音菩萨来了。

"菩萨！菩萨！"八戒见到观音菩萨，高兴地迎上去，"菩萨是不是大发慈悲，给我们送机票来了？"

"八戒不要幻想。"观音菩萨冷冷地给了八戒一句，然后递给唐僧一本书，"一路上不可避免地会遇到千难万险，送你们一本护身宝典，以备紧急的时候使用。"

就这样，唐僧师徒告别了观音菩萨和唐王，背着行囊出发了……

出了长安城，翻过两界山，他们走出了大唐的地界。

师徒徒步而行，走了整整7天也没遇到一户人家。无奈，他们只得在荒郊野外风餐露宿。他们喝山泉，吃干粮，摘野果打牙祭，异常辛苦。

"师父，怎么一连几日都没遇到人家？莫非村民都进城打工了？"八戒使劲儿揉着肚子，"什么时候我们才能遇到一户人家，吃顿热腾腾的斋饭呀！"

唐僧听后心里很不是滋味，这样走下去徒弟们太辛苦了。

"悟空，"唐僧叫过悟空，"你去前面探探路，看是否有人家可以借宿。"

"是！师父。"悟空一个飞身跃上天空，驾起云斗，在空中一边行进一边往地面观看。不一会儿，他兴奋地大喊着回来了："师父——师父——前面那座山下有座寺庙，我们只需翻过那座山就有歇脚的地方了。"

一听说前面有寺庙，几个人心中大喜，脚步也快了许多。傍晚时分，师徒终于站到了寺庙门前。他们抬头一看，山门上写着"观音院"3个字。

悟空拉着八戒走到一边窃窃私语："上次我不是一把火把观音院烧了吗？怎么又冒出一个观音院？"

八戒撇撇嘴说："难道天下就一个观音院不成？"

唐僧对沙僧说："我们今天就住这吧。悟净，你去敲门。"

沙僧上前敲门。不多会儿，一个白白净净的小沙弥出来了。

"打扰了，我们是唐僧师徒，想在这里借住一宿，不知可否？"沙僧礼貌地问。

"请你们稍候，我去向住持请示一下。"小沙弥转身进了寺门。

几分钟后，寺门打开，小沙弥带着一位老住持走了出来，住持一边施礼，一边高喊："失礼了！失礼了！"

"欢迎唐长老！"住持喜笑颜开，热情至极，"我刚才听说你们要借宿，已经派人去打扫后面的禅（chán）院了，请

随我来！"

"多谢住持！"唐僧礼貌地行了一个礼。

在老住持的引领下，唐僧师徒来到后禅院。禅房里摆放着一张桌子和几把凳子，住持让他们一一入座。他们刚坐稳，几个小沙弥便排着队，端上热腾腾的饭菜。此刻，唐僧师徒的肚子正饿得咕咕叫，见到热乎乎的饭菜，立刻抓起碗筷，呼噜呼噜吃起来。

吃饱后，八戒满足地摸着肚皮，对师父说："师父，吃饱了真舒服！这几天咱们赶路，也没好好洗漱（shù），如果能洗个澡，那就更好了。"

"是呀，是呀！"唐僧拍打着袈（jiā）裟（shā）上的灰尘说，"这几日赶路，身上脏死了。"

听到他们的话，一个小沙弥走到唐僧面前说："唐长老，我们早为你们准备好浴室了。瞧，那边有本院最好的桑拿浴室，您和您的徒弟现在就可以享用。"

"阿弥陀佛，善哉善哉！你们想得真周到。"唐僧很高兴，拿起换洗衣服，准备跟小沙弥去桑拿浴室。

"师父，这事有点儿蹊（qī）跷（qiao）。"悟空警惕性很高，拉着唐僧小声说，"师父，我觉得这一切似乎早有安排。您知道吗，民间有黑店，这座深山里的寺庙会不会是一座黑庙？"

唐僧狠狠地瞪了悟空一眼："什么黑庙白庙？我现在也算是佛教界的名人了，老住持对我们热情，想好好招待我们，不足为奇。"

"这……"悟空见师父脸上阴云密布，便不再说话。

穿过走廊，小沙弥带着唐僧师徒来到一间独立的房子前。老住持和几个小沙弥已经在这座房子前等着他们了。只见这房子白墙黑瓦，大门刷着朱红色的油漆，看起来刚刚修建不久。

"好漂亮的浴室！"唐僧不禁赞叹道，"想不到老住持喜欢桑拿浴。"

"这是专门为您……"小沙弥的话刚说一半，头就被老住持狠狠地敲了一下，"快去生火，为唐师父准备蒸汽！"

"好好好。"小沙弥的头点得像小鸡啄米似的，八戒看了，拉着沙僧在一边偷着乐。悟空的眉头却皱在了一起，他忙走到唐僧身边，轻声说："师父，我觉得咱们正在走进圈套。"

"休得胡言！为师要去蒸桑拿了。"唐僧说完，推开浴室门，第一个走了进去。

接着，八戒和沙僧也走了进去。悟空正犹豫要不要进去时，不料老住持冷不丁在后面用力将他一推，悟空一个踉（liàng）跄（qiàng），跌进浴室里。

"你们——"悟空正要回头骂他们，门却被小沙弥迅速关上，接着，咔嗒一声，门锁上了。"搞什么鬼？我们洗澡，你们上什么锁！"悟空气得鼻子喷火，忍不住高声大喊，"老住持，你什么意思？"

"悟空，不要高声喧哗！"唐僧呵斥悟空，"人家这样做也许是为咱们着想，怕咱们沐浴时被别人偷窥（kuī），此乃好意。"

"师父啊师父，您真是太天真了！"悟空用力跺了几下脚，"这哪是好意，俺老孙敢肯定咱们这是上当了！现在他们将门锁死，分明是图谋不轨！"

"怎么会？怎么会？"八戒和沙僧走到窗口，想推开窗户和屋外的老住持说话，谁知窗户居然也上锁了。

　　"哈哈哈！哈哈哈！"屋外的老住持放肆地大笑起来，"唐僧，快和你的徒弟们洗洗干净，一会儿，我的小沙弥们会把桑拿室的温度调高到 100 摄氏度，到时候，这浴室就成了大蒸笼，明天一早，我和我的小沙弥们就可以吃清蒸唐僧肉、悟空肉、八戒肉、沙僧肉了。哈哈哈哈……"

　　悟空气得咬牙切齿："这果然是座黑庙！待我冲出去收拾他们！"悟空从耳朵里掏出金箍棒，对着浴室门用力砸去，但门毫无反应，再砸，门依然纹丝不动。悟空不甘心，挥舞着金箍棒又去砸窗户和墙壁，谁知窗户和墙壁别说被砸出窟窿，就连一个凹坑也没出现。

　　"可恶！妖僧，你这是什么桑拿浴室？为什么材料如此坚固？"悟空大声喊道。

　　"孙猴子，你不要白费力气了！"老住持在浴室外得意洋洋地说，"自从我在网上得知你们师徒又要去印度的消息后，忙让小沙弥去生产太上老君炼丹炉的厂家，定制了这间桑拿浴室。这间浴室坚固无比，打不坏，砸不烂，只有输入密码锁的密码，才能打开门出去。"

　　"密码？妖僧，快把密码告诉我！"

　　"告诉你？做梦！"老住持转过身，招呼小沙弥们，"徒儿们，我们去把炉火开大，然后回房间休息，明天一早，我们就可以吃到香喷喷的清蒸唐僧肉啦！"

"哈哈哈！师父，您真是太了不起了！您的计谋真好，他们果然掉入了您的圈套！"小沙弥们使劲儿拍老住持的马屁，乐得老住持笑个不停。

"悟空，这……这可如何是好？"唐僧拉着悟空的手后悔不已，"都怪我，没有足够的警惕性，让大家掉入了坏人的圈套。都怪我，你提醒我的时候，我居然训斥你。悟空，为师错了，你说，现在怎么办？"唐僧用期盼的眼神看着悟空，期望悟空能想出逃出的办法。

"现在没别的办法，只能想办法打开密码锁了。"悟空说完，走到门口，仔细查看门锁。

这是一种镶（xiāng）嵌（qiàn）在门上的密码锁，从门里门外都可以开，只要输入正确的密码，门就可以打开。门上装有两把这样的锁，每把上面都有9个小圆圈，需要在9个小圆圈里填上合适的数字（如下图），两把锁的密码不同。

"这也没个说明，数字应该怎么填呀？"悟空挠着头，

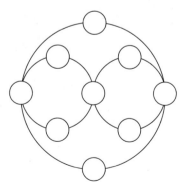

仔细查看着这个怪异的锁。

呼——呼——呼——，这时，四周的蒸汽出口开始喷出热腾腾的蒸汽，桑拿浴室里的温度开始升高。

"悟空，快想想办法！"唐僧拉着悟空的手，"这浴室的温度越来越高，再拖延下去，我们恐怕真的会被蒸熟。"

"师父，别怕，我……我努力想办法！"悟空虽然嘴上这么说，但心里也七上八下地敲着小鼓，找不出密码来可怎么走出这间浴室呀！

呼——呼——呼——，蒸汽口喷出更热、更浓的蒸汽，浴室里的温度升得很快，唐僧师徒的额头开始冒汗，身上的衣服也渐渐被汗水浸透。

"哎呀呀，我们完蛋了！"八戒擦着额头上的汗，捶着胸口向唐僧哭诉，"师父啊——您看——这蒸汽好浓好热！估计到不了明天，俺老猪就变成清蒸猪了。呜呜——"

"二师兄，哭有什么用？大家一起快点儿想办法吧。师父，您先坐下来歇歇。"沙僧扶着师父坐下。无意间，沙僧碰到了师父兜里的手机，眼中立刻放出光芒："师父，师父，我有办法了！"沙僧从师父兜里掏出唐王送的手机，"我们直接给浴室制造厂打电话，也许可以问出打开这门的密码。"

"对，对！"悟空一听高兴得直拍大腿，"沙师弟，门上有厂家的电话号码，你快拨！"

043-76766

　　很快，电话接通了，接电话的客服人员告诉沙僧：“浴室使用的是世界最新数字密码锁，只要将1至9这9个数字分别输入9个小圆圈里，使3个环上的4个数字之和都等于19，密码锁就可以自动打开……”沙僧听完，挂上电话，将客服人员的话重复了一遍。

　　八戒追问：“他告诉你怎么填了吗？”

　　“没有。”沙僧郁闷地告诉八戒，“客服说，厂里知道答案的技术员，今天一早外出开密码研讨大会去了，想知道答案，得等到明天他回来。”

　　“啊——”悟空和八戒一起张大了嘴巴，这条路断了。

　　“徒弟们，看来我们得自己想办法了。好歹我们知道了要填的数字的要求。”唐僧站起身，原本白净的脸，被蒸汽蒸得通红，可眼下，他不得不保持镇定，鼓励3个徒弟道，"俗话说，三个臭皮匠赛过诸葛亮。我们4个大和尚，能顶4个诸葛亮！来，开动脑筋，大家一起想吧！"

3个徒弟围在唐僧身边，每人伸出一只手，4只手交握在一起，大家齐声喊道："团结一心，力可断金！"

顿时，师徒觉得浑身充满能量，他们一起走到密码锁前。

"对1至9进行数字分配：$1+7+8+3=2+6+7+4=9+2+5+3$。"沙僧指着密码锁琢磨起来，片刻后，他对师父说，"师父，您试试这个答案（如下图）。"

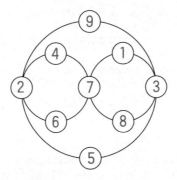

唐僧按照沙僧的答案把数字分别输入9个圆圈里。啪嗒，第一把锁打开了！

"悟净，你真聪明！真聪明呀！"唐僧高兴得直拍手。一边的八戒则挠着头，瓮（wèng）声瓮气地说："师父，俺老猪能打开第二把锁。"

"是吗？"唐僧有些怀疑，可是见八戒神情笃（dǔ）定，忙催促，"八戒，如果你知道答案，不妨一试。"

"好嘞！"八戒伸手在第二把锁上摆弄了几下，只听啪嗒一声，第二把锁也开了。

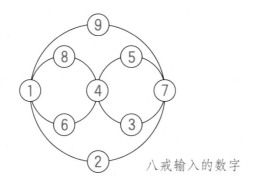

八戒输入的数字

"耶！"师徒兴奋地击掌庆祝。八戒尤其高兴，不停地问唐僧："师父，我聪明吗？师父，我聪明吗？"

"聪明！聪明极了！"唐僧高兴地点着头，"以后谁敢再说八戒是笨猪，我和谁急！"说到这里，唐僧的眉头一皱，"徒儿们，事不宜迟，咱们赶紧走出这个桑拿浴室。"

唐僧带着徒弟们走出桑拿浴室，呼吸着屋外的新鲜空气，4人觉得活着是世界上最美好的事。

"徒儿们，这是一座黑庙，为了不让这些坏人继续为害他人，我们必须把他们抓住，移交司法部门。"

"对，我们要让他们坐牢，让他们尝尝被关起来的滋味！"悟空举起金箍棒，大声说，"刚才开锁我没帮上忙，现在抓坏人的事儿，让我打头阵！"

悟空、八戒、沙僧冲向前禅院，冲进老住持的卧室里。老住持从梦中惊醒："你们，你们怎……怎么……"不等他说完话，八戒和沙僧便用麻绳将他捆了个结结实实。

很快，这座黑庙被查封，老住持和他的小沙弥们则被呼啸的警车带走了……

看着那在星空下闪烁的警灯，唐僧不禁提醒徒弟们："虽然我们有过一次取经经历，但这次依然会困难重重，险象环生，我们可得团结一心呀！"

"是，师父！"徒弟们毕恭毕敬地给唐僧行了一个大礼。

故事中的锁，密码不唯一。这个看上去像图形的题目，实际上是一种数字运算题。解答这一类型的题目时，我们可以根据题目的要求，把问题转化成数字运算。如给故事中的锁填数，我们可以变成思考 1 至 9 这几个数字，怎么让它们 4 个 4 个地组合起来（注意有 3 个数字可以用两次），分成 4 组，让每组的 4 个数的和都是 19。变成数字题目后思考起来就容易多了。

从此题我们可以衍（yǎn）生出另一种同原理的题型：巧填数学运算符号。

**例题：** 5（ ）5（ ）5（ ）5（ ）5 = 4，给括号里填上适当的运算符号，让等式成立。

**分析与解答：** 算式左边是 5 个 5，右边是一个 4。我们知道，5−1 = 4，所以思路可以变成设法让左边得出 5−1。经过试算，我们可以得到：

$$5 \times 5 \div 5 - 5 \div 5 = 4$$

# 智取黑风山

将观音院的坏人绳之以法后，唐僧师徒继续西行。

这天傍晚，他们来到连绵起伏的山峦（luán）入口，悟空示意大家停下。

"师父，这山看上去阴森森，透着邪气，您跟在俺老孙身后，切勿轻举妄动。"悟空说完，掏出金箍棒，在前面探路。唐僧紧随其后，八戒和沙僧则一个举着钉耙，一个扛起月牙铲，跟在后面高度警惕地朝山里走。

如此提心吊胆地走了一会儿，四周毫无动静，悟空舒了一口气："可能我有些神经过敏。"话音刚落，只听身后一声"哎哟——"唐僧捂着胸口，痛苦地呻吟起来。

"师父，您怎么了？"八戒忙把师父扶下马。

"我……我许久没骑马，可能有些晕马，只觉得阵阵恶心……"唐僧说到这里，一边揉太阳穴，一边吩咐沙僧，"悟净，你……你快给我准备红茶加提拉米苏，为师喝个下午茶，或许能治好这晕马的毛病。"

"师父呀师父，您要喝下午茶就喝呗，何必找借口呢？"八戒去拿杯碟，嘴里不停地嘀咕着，"世人都说俺老猪贪吃，哼，我看师父才贪吃呢！"

"八戒，你嘀嘀咕咕说什么呢？"唐僧坐到路边的树墩儿上，弹了弹身上的尘土，慢悠悠地说，"我本想和3个徒儿一起喝下午茶，既然八戒没兴趣，就……"

"师父——"八戒一听师父说"和3个徒儿一起喝下午茶"，忙话锋一转，凑到唐僧面前嬉皮笑脸地说，"师父，我知道您老人家心地善良，勤劳勇敢，我……我一会儿就发微信赞您，赞您劳苦功高，不居功自傲；赞您不畏艰险，再走取经路。"

唐僧闻言，脸上的不快立马散去，忍不住夸八戒："3个徒儿里，还是八戒最懂事，最会说话。来，八戒，你消耗多，多吃一些。"唐僧将提拉米苏多分了一块给八戒。

悟空和沙僧在一边见了，忍不住冷嘲热讽："马屁精！"

"马屁精怎么了？马屁精又不是妖怪！"八戒多吃一块提拉米苏，心里高兴极了，对悟空和沙僧的挖苦毫不介意。

唐僧见悟空和沙僧不高兴了，为了缓和气氛，说："悟净，我们好像还有一个蛋糕没吃吧？拿出来，我们一起分吃了它。"

"好！"沙僧将蛋糕摆在树墩儿上，问，"师父，这蛋糕是圆形的，我们怎么分？"

"师父——"八戒大喊，"亲爱的师父，请您给我切一块大的！"

　　"师父，您要是再偏心，给八戒吃大块的，这去印度学数学的事，您就让八戒一人陪您去吧，我们不干了！"悟空不高兴了，一屁股坐在地上。

　　"就是，凭什么二师兄多吃多占？"沙僧也生气地背过身去。

　　"这……"唐僧想了想，说，"为了公平起见，我决定将蛋糕平分！"说到这里，唐僧脑子里冒出来一个点子，"悟空，八戒，悟净，你们谁能切3刀，将蛋糕分成一模一样的8块？"

　　"这还不简单！"八戒拿过刀，在蛋糕上比画，"横一刀，竖一刀，然后……然后……"八戒挠挠头，说不出后面的切法。

　　悟空见状，在一边揶（yé）揄（yú）道："八戒，你才分

成了 4 块，还少 4 块呢！"

"这……"八戒挠得头皮快出血了，也没想出办法，不禁求助地看向师父，"师父，这第三刀怎么切？只切 3 刀，我可切不出 8 块一模一样的蛋糕来。"

"哈哈哈，哈哈哈！"唐僧大笑起来，鼓励徒弟，"开动脑筋想一想呀！难道除了横着切、竖着切，就没有其他的切法了？"

"这……"3 个徒弟你看看我，我看看你。突然，悟空犹如醍( tí ) 醐( hú ) 灌顶，用手在头上一拍："嘿，我有办法了！"悟空拿起刀，横一刀，竖一刀，第三刀则从蛋糕的侧面水平切入……很快，蛋糕被分成了大小一样的 8 块。

"妙哉，妙哉！猴哥，你真聪明！"八戒和沙僧冲悟空竖起大拇指，唐僧也满意地点头。

师徒们拿起蛋糕，美美地吃起来。吃了片刻，突然山里升起一团黑云，随之黑云犹如喷泉，直冲云霄。悟空见了，大喝一声："小心，有妖怪，保护师父！"说完，他举起金箍棒，摆开战斗的架势。

然而，黑云升起后，渐渐散去，并无什么妖怪。八戒和沙僧在一边讥笑悟空："你神经过敏了吧？不就是一团黑云嘛！"

"这……"悟空纳闷儿地看着那边的天空，正要说什么，山里突然又升起一团黑云，而且比第一团黑云更大更黑。"到底是何方妖怪？我得去看看！"悟空拿起金箍棒，就地画了一个圈，将唐僧、八戒和沙僧圈在里面。他对唐僧说："师父，

此黑云来得古怪，徒儿前去看个明白！您和两位师弟待在圈中，万万不要出去！"

悟空踏着筋斗云，朝黑云升起的地方飞去。

来到山间，悟空发现黑云之下乃是一座砖窑厂。咦？奇怪，这窑厂的工人怎么都是十来岁的孩童？悟空以为自己看错了，揉揉眼睛，没错，都是小学生，有男生也有女生。他们有的在搬砖块，有的在背泥土，还有的用模具压制砖块。法律不是不允许使用童工吗？这些学生为什么不读书，而在这里干苦力？悟空觉得这事蹊跷，便摇身变成一只小蜜蜂，飞向一个胖乎乎的小男孩。

"小孩！小孩！"悟空在小男孩耳边喊，"你们为何不上学，在这里做苦力？"

"谁？谁在说话？"小男孩四处寻找，眼里满是惊诧。

"我在你耳朵边，我是小蜜蜂！"悟空说完，飞到小男孩面前，轻声提醒，"别嚷嚷，你小声和我说话。"

"天哪，会说话的蜜蜂！"小男孩的嘴巴惊成了"o"形。

"说呀，你们为何不上学，在这里做苦力？"悟空重复一遍自己的问题。

"这……"小男孩的眼圈一下子红了，"都怪我自己。上个月，我迷上了网络游戏，开始是在家里玩，可是爸爸妈妈管得紧，于是我就在放学后，偷偷去网吧玩。玩啊玩啊，零花钱用完了，欠下网吧一大笔钱。这个时候，我在网上遇到一个网友，说他能带我去赚钱，我……我就跟着他离家出走了。最后我才弄明白，他原来是个骗子！"

"他是什么人？"

"他……"小男孩摇摇头，"我不知道，他长得黑不溜秋，浑身是毛，一看就不是好人！"

"小子，你说谁不是好人？"突然，一个身体彪悍、说话粗声粗气的家伙走过来，"快干活！一个人自言自语的，磨蹭什么！我警告你，如果不好好干活，一会儿没饭吃！"

"你别说话。"悟空忙提醒小男孩，"我会救你的。"

小男孩用力点点头。

悟空仔细打量来人，觉得眼熟，不禁在脑海中搜寻起来。哎哟，这家伙不是当年在黑风山被我擒（qín）住，最后跟随观音菩萨修行的黑熊精吗？他不在菩萨身边修行，怎么到这儿来了？

悟空决心把事情弄个水落石出。于是，他飞到一个开阔的地方，把自己变成大老板的模样，身边还变出一辆奔驰车。他大摇大摆地走向黑熊精。

"谁是老板？喂！谁是老板？"悟空扯着嗓门喊。

"我，我我我！"黑熊精看见这个阔老板，一个劲儿地鞠躬，"老板，您是从城里来的吧？"

"嗯！"悟空点点头，"我听说你这里的砖质量特别好。"

"是的，是的！"黑熊精从口袋里掏出名片，"这是我的名片。我姓熊，是这家砖窑厂的厂长。"

"好好好！"悟空点点头，"我是环球房地产公司的老板，朋友介绍我来你这看看。我马上要盖一座508层的大楼，

需要大量的砖……"

"508层？我的天哪，您这楼可真高！"黑熊精惊讶地看着眼前的老板，"您能把这笔生意交给我吗？"

"可以是可以，"悟空故意露出为难的表情，"但我怕你的人手不够。哎哟，你这怎么都是小孩在干活？"

"嘿嘿。"黑熊精尴（gān）尬（gà）地笑笑，"这些小孩不喜欢上学，来我这儿赚钱。您说人手不够？告诉您，只要我在网上一忽悠，人要多少有多少。"

"哦——"悟空点点头，故意瞪大眼睛，"我瞧着您好眼熟，好像……好像在哪儿见过。"

"是吗？"黑熊精有些慌乱，可他还是故作镇定地说，"可能我这张脸太大众化了，所以您觉得眼熟。哈哈！"

"非也，非也！"悟空摇摇头，然后歪着头想了想，说，"上次我去听观音菩萨讲经，似乎见过你。"

"哈哈，哈哈！既然您认出来了，我就不瞒您了！"黑熊精把嘴凑到悟空耳边，轻声说，"跟着观音菩萨太累了，每天要学经文，背经文，今天默写，明天考试，搞得我苦不堪言，都快精神崩溃了，还一点儿工钱也没有。这不，我趁观音菩萨去参加佛教大会，偷偷溜出紫竹林，来到了这里——这黑风山可是我以前的地盘。"

"哦——"悟空若有所思地点点头，"我刚才开车过来，看见山里黑云升起，是你在放山炮吗？"

"是是是！这山里的泥土好，用来烧制砖，别提多坚固啦！"黑熊精说到这里，忍不住掰（bāi）着手指头算起来，"我才到这里半个月，就已经赚了9万多两银子了！哈哈哈！"

"可恶！"悟空见不得黑熊精这副贪婪的嘴脸，盛怒之下，露出真容，"好你个黑熊精，居然在此作恶！"

"啊——你你你——"黑熊精一见是悟空，吓得一连后退了几步，"臭猴子，你怎么到这里来了？"

"哼！应该是我问你！你为什么不好好跟着观音菩萨修行，却把小学生骗到此地为你干活赚钱？"

"这……"黑熊精满脸堆笑地冲悟空作揖，"孙大圣，孙哥，孙爷爷，我把赚的钱分一半给您，您别告发我，行吗？"

"没门儿！"悟空义正词严地拒绝黑熊精的收买，"我命令你马上把那些学生放了，马上关闭你的砖窑厂！"

"没门儿？嘿嘿！"黑熊精冷笑几下，"臭猴子，敬酒不吃吃罚酒。既然你不肯放我一马，我也不用跟你客气了！"

"怎么？你想和我打架？"悟空不屑地用眼扫了扫黑熊精，"上次我们打架，你就输给了我，这次你能赢？"

"虽然我打不过你，但是我有这个——"黑熊精从口袋里掏出一个遥控器，"到这里开砖窑厂的时候，我就估计到有一天，我得和抓我的人打一架，只是我万万没想到这一天

来得这么快！臭猴子，我已在这四周埋下了遥控炸弹，只要我按下遥控器，就算你我不死，可那些小孩一个也跑不掉！"

"你——"悟空见黑熊精拿小孩做人质，一时没了主意。而黑熊精则趁机命令孩子们："你们统统给我回宿舍区去，谁也不准出来！"

"救救我们吧——救救我们吧——"孩子们一边哭哭啼啼地走向宿舍区，一边对着悟空高喊，"我们要回家，我们要回学校！呜呜——呜呜——"

刚才和悟空说话的小男孩，见悟空拿黑熊精没办法，忍不住哀号："你不是说要救我吗？只要你救我回家，我再也不到网吧玩了！再也不跟陌生人走了。呜呜——呜呜——"

霎时间，哭声，喊声，还有黑熊精的训斥声，让悟空变得六神无主。为了不伤害这些孩子，悟空决定暂且

走开。于是，他指着黑熊精，大吼道："好，算你狠！只要你不伤害这些孩子，我不管你了！"

"好！"黑熊精向悟空拱了拱手，"请你速速离开我的地盘！"

就这样，悟空驾云回到唐僧、八戒及沙僧的身边。

"猴哥，怎么样？打探到什么了吗？"八戒见悟空一脸沮丧，忍不住问，"是不是有妖怪？"

"是有妖怪，可惜……"悟空将发生的一切一一说来。听完他的话，唐僧叹了口气："唉！这是性命攸（yōu）关的事，我们不能儿戏。得想个两全其美的办法，既能救出孩子们，又能降服这黑熊精。"

"嗯！"悟空点头道，"只是这黑熊精在砖窑厂布下了遥控炸弹，如何避免炸弹对孩子们造成伤害呢？"

"猴哥，不如我和沙师弟同你

前去，我们肩扛手提，能救出几个孩子算几个，总比全被黑熊精害死强！"八戒上前献计。

"不不不！"唐僧直摇头，"一定要保证孩子们的安全！救出所有孩子！"

"这……"4人正在踌（chóu）躇（chú）间，只听空中传来一阵哨声，师徒抬头一看，原来是天庭快递员——哪吒三太子踏着风火轮来了。

"唐长老——"哪吒在空中高喊，"我这有您的一份快递，麻烦您签收！"话音一落，只见哪吒手一丢，一个包裹掉在唐僧脚边。

"何人给我寄的包裹？"唐僧签完字后，命令悟空打开包裹。

"师父，这是观音菩萨给您发的天庭快递！"悟空打开包裹，发现里面是一块绸布和一封信，"师父，这里还有一封信呢！"悟空把信递给唐僧。

"玄奘，我知你师徒遇到了麻烦，而这麻烦乃是从我紫竹林逃走的黑熊精制造的。为了表达歉意，我特地给你们送去一只魔盒，以便你们擒拿黑熊精时使用。"唐僧读到这里，忙命悟空把魔盒拿来看看。

"魔盒？哪有什么魔盒？只有一块绸布！"悟空不禁仰天问哪吒三太子，"三太子是不是送错了？"

"怎么会？我们天庭快递员从没出过错！既然你们签收了，我就去下一家送货了！"说完，哪吒三太子嗖的一下飞走了。

"奇怪，菩萨说送给我们的是魔盒，怎么我们收到的却是绸布呢？"唐僧把绸布摊开，发现这是块正方形的布，上面画有线，布边还有一行小字。他轻声念起来：

"将4个角上边长为1米的正方形（阴影部分）剪去后，然后念变身咒语，绸布会沿着虚线自动变成一个体积为81立方米的魔盒。此魔盒无比坚硬，能保证在80平方米范围内不被子弹、炸弹、刀箭等物体击破。注意，本魔盒为一次性物品，变身15分钟后将会蒸发，不会对周围环境造成任何不良影响。另外，变身咒语是绸布的边长数。"唐僧读到这里，恍然大悟，"悟空，菩萨送来的宝物真好！悟净，快拿尺子来，我们测量出边长的尺寸，好去降服那黑熊精。"

"师父——"沙僧为难地看着唐僧，"我们又不是裁缝，哪有尺子？"

"啊？你打点行李的时候，为什么不带尺子？为什么？"八戒气得跳起来，"没有尺子我们如何让绸布变身？如何得到魔盒去抓黑熊精？"

"我怎么知道路上会用到尺子？"沙僧委屈地低下头。

悟空则安慰道："莫急，莫急！这是观音菩萨的东西，我们打个电话问问她，不就知道绸布边长是多少了吗？"

"对呀！"八戒拿出手机，按下观音菩萨的电话号码，可是一连拨打了几次，手机均发出"您不在服务区，无法为您呼叫对方"的提示音。"哎呀呀，这下麻烦了！我们怎么用魔盒？"八戒恨不得把手机砸了。

"徒儿们，看来我们得自己想办法了。"唐僧看着绸布说。

悟空趴在地上画了张图，演算起来："魔盒是个底面为正方形、高为1米的长方体。假设魔盒的底边长为$a$，高为$c$，则它的体积为$a \times a \times c = 81$（立方米）。因为$c$为1米，所以$a \times a = 81$（平方米），$a = 9$米。绸布的边长是……"

"师父，绸布的边长是9再加上两个1，$9 + 1 + 1 = 11$，是11米。"八戒抢先报出了答案。

"没错！知道边长，我们就可以用魔盒了！"唐僧高兴地把绸布叠起来递给悟空，"徒儿们，事不宜迟，我们速速去救人擒妖！"

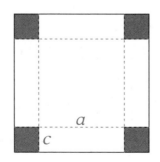

　　故事中，观音菩萨给唐僧的绸布是正方形，去掉的4个角也是正方形，悟空由此知道魔盒的底面积是正方形，魔盒是个长方体。长方体的体积等于底面积乘高，由此可以推算出魔盒底边的长。知道魔盒底边的长后，绸布的边长便可以容易地算出。这是一个面积变体积的问题，就像把一张纸折叠成纸盒一样。问题看似复杂，其实只要熟练掌握并灵活运用相关的几何公式，就能迎刃而解。

　　所以，几何里那些周长、面积、体积等公式一定要记牢。

　　另外，画图是帮助解决几何问题的一个很好的手段。有时根据题意画张图，就能让思路清晰起来，从而知道从哪里下手解题，故事中的悟空就是这么做的。但是，立体几何的图不容易画出，这就需要我们发挥空间想象力。

　　**例题**：如果把下页那个立方体的6个面都涂上红漆，然后把它拆开，请问：拆开的小立方体中，（1）没有涂上颜色的有几块？（2）有几块只有1个面涂上了颜色？（3）有几块有2个面涂上了颜色？（4）有几块有3个面涂上了颜色？

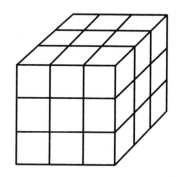

**分析**：这是一个立体套立体的问题，不仅要考虑大立方体还要考虑小立方体，比较难。解此类题就需要发挥空间想象力。如果空间想象有困难，不妨用木块来摆一摆，帮助想象。

**答案**：（1）1块（最中间的那块）。

（2）6块（立方体6个面，每个面的中间那块）。

（3）12块（立方体12条棱，每条棱的中间那块）。

（4）8块（立方体8个角上的方块）。

唐僧师徒将绸布变成魔盒后，立刻兵分两路，悄悄进入黑风山。唐僧和沙僧带着魔盒去孩子们住的宿舍区，保护孩子，悟空和八戒去抓黑熊精。

"黑熊精，再给你一次机会，放下屠刀，立地成佛！"八戒挥舞着钉耙，在黑熊精的门前叫喊。

黑熊精揉揉眼睛，打开门，看到悟空吃惊地问："臭猴子，你不是说放过我吗？怎么又来了？还带了帮手！"

"黑熊精，少废话！再问你一次，你到底投不投降？"悟空义愤填膺（yīng）地问。

"投降？哈哈哈！投降两个字如何写？"黑熊精的眼睛一瞪，从口袋里掏出遥控器，"既然你们不肯放过我，咱们就来个鱼死网破！至于宿舍区的孩子们，嘿嘿嘿，就让他们

做陪葬品吧！"黑熊精说完，大拇指用力朝下一按，身体唰的一下腾空而起，飞上了天空。

"八戒，小心！"悟空抓着八戒的胳膊，跟着飞了出去。

轰隆——轰隆——轰隆——，随着几声巨响，砖窑厂转眼间成了废墟。

"哈哈，哈哈哈！"黑熊精在空中看到地面翻腾的尘土，大笑道，"臭猴子，快去看看那些孩子的惨状吧！"

"恐怕你要失望了！"悟空挥舞着金箍棒，朝黑熊精打去。黑熊精想逃跑，不料身后被八戒断了去路。于是，3个人

在空中昏天黑地地打起来。嘭嘭嘭，当当当，过了不到50招，黑熊精就招架不住了，他丢下武器求饶：

"我，我再也不敢干坏事了！"

"现在，我罚你送孩子们回家！然后主动回紫竹林认罪、受罚！"

悟空的话令黑熊精一愣："什么？我的炸弹没炸死那些孩子？"

"观音菩萨送来了魔盒，孩子们统统安然无恙（yàng）！"这时，唐僧和沙僧带着孩子们出现了。

"真是道高一尺，魔高一丈呀！"至此，黑熊精败得心服口服。

分别之际，唐僧师徒告诫孩子们，一定要好好学习，千万不要再逃学、旷课，更不要沉溺（nì）于网络。

"师父们请放心，我们一定会努力学习，再也不会上坏人的当了！"小男孩代表大家给唐僧师徒鞠躬、道谢，随后孩子们兴高采烈地踏上了回家的路。

"好了，孩子们回家了，我们继续赶路吧！"唐僧重新骑上电子马，向前走去……

# 高老庄降妖

离开黑风山，唐僧师徒走啊走啊，他们翻过一座山，渡过一条河，走过一片荒地，眼前出现一条修整得平平坦坦的乡村小道。师徒沿着乡村小道朝村子里走，路变得越来越宽，两边的小草渐渐被修整得漂漂亮亮的盆景、树木所取代。

"师父，这儿真漂亮！"八戒环顾四周，只见翠林环绕，鸟鸣虫叫，俨然一个世外桃源。

"师父，前面肯定有客栈，今天我们就住在这里吧！"沙僧说，"包袱里的干粮和水不多了，正好在这里做些补充。"

"好！"唐僧点点头，"这里风景如此好，不知是什么地方。"

"师父，我猜这地方是给城里人度假用的'农家乐'。"悟空说到这里，想起自己的家乡花果山，不禁说道，"这里的食品肯定跟我老家花果山的一样，是绿色有机食品。我们在这里多住几日，好好吃几顿！"

"对对对！"一说到吃，八戒就来了精神，"师父，我们住3天吧！哎哟，俺老猪这段时间赶路，累得够呛，需要好好休整休整！"说到这里，八戒四处观察。他突然喊道："看呀，那有一个'山清水秀度假村'。哎哟，太好了，我们马上就可以吃到香喷喷的农家饭菜啦！"八戒咂（zā）巴起嘴。

"八戒，休得胡言乱语！"其实，唐僧见到这个度假村心里也很高兴，毕竟今夜不用住野外了，可一想自己是师父，要注意形象、管好弟子，于是说，"我们还有重要的行程，此地只能住一晚！现在，我们先去那边登记。"顺着师父的手指方向，悟空、八戒、沙僧看到一个岗亭，上面写着：外来人口登记处。

大家做完身份登记，正准备找地方吃饭，只听有人高呼："哎哟，这不是唐长老吗？多年不见，您还好吗？"

师徒回头去看，只见来人红光满面，声如洪钟，胖胖的圆脸上带着愁容。"哇，您是……您是……高老庄的高员外！

对不对？"唐僧双手合十行礼，"原来是故人呀！"

"嘿嘿。"高员外用手指了指自己胸前的牌子，唐僧师徒看到上面写着"村长"二字。"4位师父，这度假村乃是我和村里人合资修建的，因为我们这里水清、地肥、景色美，所以我们就把高老庄改成了度假村。"

悟空凑上来，故意问："高员外，不不不，高村长，既然这是您的度假村，今天我们住宿、吃饭是不是可以打个对折？"

高员外作揖："今天我免费招待大家！请进吧，请——"

唐僧师徒跟随高员外来到贵宾接待室，服务员送上茶水和点心让他们享用。几个人亲亲热热地叙旧，唐僧师徒说他们取经回去后的事，高员外谈度假村的经营之道。正说得热闹，两个保安慌慌张张地跑来了。

"村长——村长——"保安甲一脸惊慌，"报告村长，那个坏蛋又来了！"

"怎么办？"保安乙一脸愁容，"那个坏蛋说，周五必须送一对童男童女给他吃，否则他会杀进度假村。"

"高员外，他们说的坏蛋是谁？"悟空好奇地问，"你们这里到底发生了什么事？"

"唉！"高员外叹了口气，然后诉说起来，"度假村对面的山头住着个妖怪，自从我们这里开业以来，他每周都来骚（sāo）扰，要鸡鸭鱼肉不说，还要美酒，给了这些他还不满足，胃口越来越大，现在居然要起了童男童女！我们实在是有苦无处诉呀！"

"村长，现在怎么办？我们要不要给他送童男童女？"保安甲问。

"呸！把我这老骨头送给他还差不多！"高员外气得站了起来，"大不了，我和他拼了！"

"高员外，不用您老拼命！"悟空抓起金箍棒，"俺老孙的金箍棒可不是纸做的，让俺去收拾这个妖怪！"

高员外拉住悟空的手："且慢！"

悟空不解地问："您怕俺收拾不了妖怪？"

高员外摇摇头："他有很多帮凶，杀了他一个还会来一百个！杀了一百个还会再来一千个！那样的话，我们度假村以后的日子将更加难过。"

悟空挠头："这可怎么办？"

唐僧双手合十道："让我去劝劝他，做做他的思想工作，让他改邪归正吧！"

就这样，唐僧师徒和高员外一起来到山脚下。唐僧朝对面的山头喊道："妖怪，你不要再为非作歹了！再这样下去，迟早会被关进监狱的！"

妖怪站在山头大笑："我可不是乱来的妖怪。我每次得到的东西，都不是平白无故拿的，而是高员外输给我的！"

"输给你的？"唐僧看向高员外，"你和妖怪之间到底发生了什么事？"

"我……"高员外羞愧地低下了头，"这妖怪每次来度假村，总让人捎来两道数学题考我，如果我答不上来，就得按他提出的要求办。"

妖怪看到高员外一副窘（jiǒng）迫无措的模样，乐得大笑："哈哈，高老头，你今天喊来这么多帮手，恐怕他们也帮不了你！"

"妖怪，休得猖狂！我们师徒一定会帮高员外战胜你的！"唐僧生气地说，"今日有何题目，尽管说，我来回答！"

"好！"妖怪手一挥，一个小妖出来说："给你3块长方形木板，你在它们上面各砍去一刀，必须分别得到3个角、4个角和5个角！"说完，他将3块木板丢下来。

"这有何难！"唐僧拿起刀，啪啪啪！分别在每块木板上砍了一刀，众人一看，果然符合小妖的要求（如下图）。

第一回合，唐僧轻松获胜。

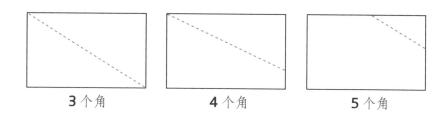

3个角　　　　　　　　4个角　　　　　　　　5个角

知识板块

唐僧做的这道题是一种图形分割题。把一个图形按照某种要求分割成几个图形，就叫作图形分割。这道题的要求只在"角"上，没对切完后的图形大小和形状做要求，所以做起来相对容易些。

但大部分图形分割题，对切割后的图形的大小和形状是有要求的，要求最多的是把一个图形分割成大小、形状都相同的若干份。遇到这种情况，就要想办法找图形的对称点，把图形先少分，再多分。如果有数量方面的要求，可以先从数量入手，再结合数量来分割图形。

例题：这是一个由3个正三角形组成的梯形，请把它分割成4个大小和形状都相同的梯形。

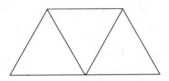

分析与解答：这道题有数量方面的要求——分成4个形状和大小都相同的梯形。所以我们可以先不考虑形状，先看大小。大小相同就是面积相等，即把整个梯形的面积分成相等的4份。

怎么分呢？这就需要把整个大图均分成能被4整除的若干小份。我们知道，把一个正三角形分割成4个小正三角形容易做到——连接3个边的中点即可（如下图1）。题目给出的图中一共有3个正三角形，如果把3个正三角形都分成4个小正三角形的话，那么就有3×4=12（个）小正三角形（如下图2）。

12个小正三角形分成4份，每份有3个。好了，这时就可以3个一组3个一组地去组合，直到正好组成4个梯形为止（如下图3）。

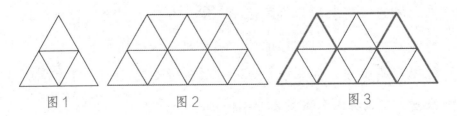

图1 图2 图3

师父获胜，悟空和八戒拍手欢呼。妖怪气得直翻白眼儿，他手一挥，又出来一个小妖："我再出一道题！"只见小妖挂出一面旗，旗上画着3个图。

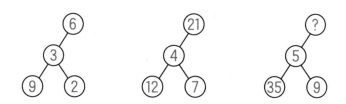

小妖问："最后一个图的问号处应该填上什么数？如果你们想不出来，周五必须给我家大王送童男童女做下酒菜！"

"这……"唐僧看看旗，又看看悟空，轻声问，"这道题你看出端倪（ní）来了吗？"

"我……"悟空流汗，转身问八戒，"你知道答案吗？"八戒羞愧地挠挠头，转身问沙僧："你知道吗？"

见唐僧师徒犯难，高员外沮丧地垂下头，抹起眼泪："这下惨了，我得给妖怪送童男童女了！这可怎么办？怎么办？"

"阿弥陀佛。"唐僧羞愧地念起阿弥陀佛。悟空急得龇（zī）牙咧嘴，八戒则提起钉耙对沙僧说："沙师弟，不如我们去把妖怪揍一顿！"

"君子动口不动手。你们输了，就该认罚！"妖怪的话音一落，身边的小妖们便一起起哄："答不出就认输，要赖的人变成猪！答不出就认输，耍赖的人变成猪……"

"士可杀不可辱！"八戒气得脸通红，"不许侮辱俺老猪！这道题，我来回答！"

"你？"众小妖一起用鄙（bǐ）视的眼神看向八戒。妖怪则调侃道："如果你答错了，不但要送童男童女给我，还得把你这个猪头献出来给我的小妖们下酒！哈哈哈！"

"行！"八戒愤怒地吼道，"如果我答对了，你们以后不得再来捣乱！你和你的小妖还得在度假村做3年义工！"

"八戒，"悟空和唐僧竖起大拇指说，"英雄！豪杰！大丈夫！"

"把旗子和笔扔过来！"八戒喊道。八戒捡起小妖扔来的旗子和笔，毫不犹豫地在问号处填上63，并解释道："我是按这样的运算逻辑推出答案的：$9 \div 3 \times 2 = 6$，$12 \div 4 \times 7 = 21$，$35 \div 5 \times 9 = 63$，所以填入的数是63。"

妖怪吃惊地叫起来："啊，你居然答对了！唉，我认输。"小妖们见首领认输了，纷纷趴在地上求饶："我们错了！我们以后不会再害人了！我们愿意在度假村做义工！"

"八戒，"悟空好奇地问，

"你是怎么想出来的？"

八戒掏出一本《我们爱科学》杂志说："自打观音菩萨批评我们数学差以后，我就特别注意学习科学知识。刚才我在度假村村口买了这本杂志，里面有数学等各方面的科学知识，可以学到不少东西。我受杂志上一篇文章的启发，灵机一动就想出来了。"

"八戒，向你学习！" "八戒，你真棒！"悟空和沙僧纷纷向八戒竖起大拇指，夸赞他勤奋好学，大家一起表态："我们要向八戒同学学习，博览群书，增长智慧！"

这天晚上，度假村灯火通明，大家载歌载舞，庆祝胜利。妖怪及小妖们决定改邪归正，做满3年义工后，就留在度假村以打工为生。

"唐长老，你和你的徒弟拯（zhěng）救了我们呀！"高员外感激地宣布，"今天，我请你们好好吃一顿，感谢你们！"

"唐长老请入席！" "感谢唐长老师徒！"度假村的村民们欢呼雀跃。唐僧师徒在山清水秀度假村度过了一个美好的夜晚。

# 救师黄风岭

唐僧师徒离开山清水秀度假村后，精神抖擞（sǒu）地继续前行。出了山村，沿途的风景渐渐被荒山野岭所取代。

"师父，在这荒郊野外的地方我们要格外小心！"悟空用火眼金睛四处察看，手里的金箍棒攥（zuàn）得紧紧的。

"师父，我觉着这山里的空气不干净，透着妖气，您得提高警惕。"八戒一边说着，一边紧紧拉着沙僧。

呜——呜——，突然，山里刮起一阵怪风，这怪风打了几个转后直冲他们吹来。唐僧的帽子冷不丁被风吹起。"哎哟，我的帽子！"唐僧伸手去捂帽子，可惜已晚，帽子像长了翅膀一般，呼呼地飞跑了。

"师父，我去捡！"八戒冲出去。

"我去，我动作快！"悟空健步如飞。

沙僧突然捂住眼睛："哎哟，沙子眯了我的眼，好难受！"

几分钟后，八戒和悟空拿着唐僧的帽子回来了，但马背上的师父却不见了。

"沙师弟，师父呢？"悟空扒拉开沙僧捂着眼的手问。

"刚才我的眼眯了，所以……"沙僧哆嗦着说。

八戒趴在草地上大哭起来："哎哟，我的师父呀，您去哪儿了呀？谁家请您吃饭住宿能不能喊上俺老猪，别一个人悄无声息地走了啊！"

"八戒，别胡闹，快过来！"悟空把八戒和沙僧召集到身边研究师父的去向。悟空说："刚才的怪风肯定是妖怪使的调虎离山计，看来这地方住着一个大妖怪。现在咱们分头去找师父。"

沙僧回忆道："上次取经的时候，咱们在这里遇到过黄风怪，莫非他的徒子徒孙又在此占山为王？"

八戒把钉耙一甩，气愤地说："我要砸了这个黄风怪的洞府！"

悟空大喊一声："走，去黄风怪的老巢看看！"

很快，3人找到黄风怪的洞府，只见洞门口竖着战旗，门边站着许多大大小小的妖怪。他们走进洞府。

"哈哈，孙猴子，我在此等候你多时了！"黄风怪坐在宝座上大笑道。

"妖怪，乖乖地把我师父送出来便饶你不死，否则我要砸了你的洞府，杀了你们这些妖怪，为民除害！"悟空挥舞着金箍棒说。

黄风怪："孙猴子，别跟我吹大牛，喘粗气！上次你找灵吉菩萨把我抓了起来，我还不是逃出来了？"

孙悟空怒从心中起，举起金箍棒，大吼一声："我们要为民除害！八戒、沙师弟我们一起上，抓住这个坏蛋！"

悟空、八戒和沙僧3人举起兵器冲杀过去。谁知，黄风怪不慌不忙地从背后搬出一台落地电风扇，口中念念有词："转起来，吹起来——"只见黄风怪按下开关，电风扇飞快地旋转起来，一时妖风肆虐，沙石飞天。悟空等3人被吹得睁不开眼，身上的衣服也被妖风吹破了。

"不好，这家伙用的武器太厉害了！"八戒抱着头第一个逃跑了。

沙僧拉住悟空："大师兄，好汉不吃眼前亏，咱们先撤退吧！"

看着悟空他们3人落荒而逃，黄风怪和小妖们一起跳起舞："哦耶！孙猴子夹着尾巴逃跑了！"

悟空羞愧万分，和八戒、沙僧坐在一棵大树下无奈地落泪。

"何人在我门前哭泣？快过来让我看看。"突然，身边的大树说话了。只见大树上伸出一个梯子，悟空他们惊得目瞪口呆。3人登梯而上，来到一个客厅，客厅里坐着一位戴眼镜的老太太。

"您是何人？"八戒问。

"这么快就把我忘了？上次你们取经经过此地，我还帮你师兄治过眼睛呢！"

悟空恍然大悟："哦，您是黎山老母！幸会幸会！"悟空走到黎山老母跟前，行了个礼，"黎山老母，这次您能否再帮我们一次？"

黎山老母说："我当然可以帮你们，不过你们得先帮我数点儿东西。"说完，黎山老母拿出来一张图（如下图）。

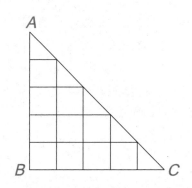

"一位仙人送我这张图，让我数出里面有多少个梯形来打发时间。一开始，我天天数，可数着数着总是数花了眼，数乱了套。后来我就没耐心了，偶尔想起来才去数一数。如今都过去3年了，我还没数清楚。请你们帮我数数清楚。"

八戒看了看图问："三角形ABC是直角三角形吗？"

黎山老母说："对，是直角三角形。"

悟空把图拿在手上，思考片刻后说："这道题果真复杂，但肯定有规律可循。"

八戒指着图说："我知道该怎么数了。先竖着看图形，以第一条横线为上底的梯形共有4个，"他用手指头在图上一边画一边数，"以第二条横线为上底的梯形共有3个，以第三条横线为上底的梯形共2个，以第四条横线为上底的梯形是1个。这样，一共是10个梯形。但不要忘记，横着看图形，

还会得到同样的结果。所以三角形 ABC 中共含有 20 个梯形。"
八戒说完，得意地扇了扇大耳朵。

"这个结果我也数出来了，可仙人听后直摇头，说我少数了一半，还有 20 个呢。"黎山老母说。

"那就是说这个图中一共有 40 个梯形。"悟空又仔细看图，"八戒的方法还是很有条理性的，可哪里出问题了呢？"悟空照着八戒的思路重新开始数起来，当数到第二条横线时，他恍然大悟，"哈，我知道问题出在哪儿了！"悟空把八戒数漏的梯形指给大家看。

之后，悟空对八戒的方法进行了完善，总结出一条规律，他按照这个规律仔仔细细地数了一遍，嘿，结果不多不少，正好是 40 个梯形！

黎山老母高兴地喊起来："数出来了！终于数出来了！"

知识板块

　　数图形题是小学数学里的一类题目，在考试中经常出现。遇到这种题目时，一定不要上来就数，这样容易出错，不是数漏了就是数重复了，要先找出规律。找规律一般采取按"边"来找的方法，也就是先锁定一条边，看看它能构成几个要找的图形。另外，还要选择一个数图的顺序方向。

　　**例题**：数数下边这个图中有几个三角形。

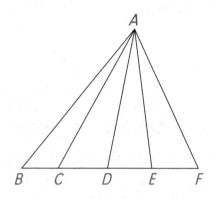

　　**分析与解答**：先按"边"来寻找规律并数三角形，顺序是从左向右数。锁定 AB 边，数出以 AB 为一条边的三角形共有 4 个。按照这个方法向右数下去：以 AC 为一条边的三角形共有 3 个，以 AD 为一条边的三角形共有 2 个，以 AE 为一条边的三角形共有1个。所以这个图中共有 4 + 3 + 2 + 1 = 10（个）三角形。

故事中的那个数梯形题，属于数图形题中比较复杂的种类。悟空就是按"边"来寻找规律的。他找到的规律是这样的：从上往下数，以第一条横线为上底的梯形，因为只有上底为一格线这一种情况，所以共有 4×1 = 4（个）梯形。以第二条横线为上底的梯形有两种情况：一种是上底为一格线，另一种是上底为两格线，每种情况各有 3 个梯形，所以共有 3×2 = 6（个）梯形。以第三条横线为上底的梯形有 3 种情况，上底分别为一格线、两格线、三格线，每种情况各有 2 个梯形，所以共有 2×3 = 6（个）梯形。同理，以第四条横线为上底的梯形有 4 种情况，每种情况为 1 个梯形，所以共 1×4 = 4（个）梯形。这样，从上往下数一共有 4 + 6 + 6 + 4 = 20（个）梯形。从右往左数，还会得到同样的结果。所以三角形 ABC 中一共含有 40 个梯形。

规律找到后，即使三角形中再多画几条线，也能数得清清楚楚，明明白白。

黎山老母跟着悟空他们来到黄风怪的洞府。

黄风怪嚣（xiāo）张地说："你这个老太婆又来干什么？

这次我可不怕你了！"说着，他又拿出落地电风扇，准备吹妖风。

黎山老母见状，并不躲闪，反而大声说道："你这个妖怪，不要张狂，还不快点投降！这次你必败无疑！"

"老太婆，你别吓唬人！"黄风怪冷笑了一声，"嘿嘿，一会儿看你怎么求我！"

"好，我倒要看看，你凭什么让我求你！"黎山老母面不改色心不跳，冷静地看着黄风怪。

悟空生怕黎山老母吃亏，忙上前提醒："黎山老母，小心那家伙的兵器，很厉害！"

说话间，黄风怪伸手按下电风扇的按钮，风扇转了起来，眼看那可怕的大风就要刮过来。但令人不解的是，风扇转了几圈后，渐渐停了下来。

"怎么回事儿？"黄风怪拍拍电风扇，又按下启动按钮，风扇依然是转了几圈后又停了下来。黄风怪一连启动了几次，风扇次次都是只转几圈就停了下来。

"你搞鬼！"黄风怪气急败坏地冲黎山老母大喊。

黎山老母举起一只遥控器大笑道："哈哈！你不知道吧？我是这家电风扇公司的董事长，你偷走电风扇的时候，忘记拿遥控器啦！哈哈哈！"

"啊？"黄风怪闻言，瘫坐在地上。

悟空一挥手："八戒，沙师弟，我们快快抓住他！"

经过一番恶斗，黄风怪和小妖们都被悟空三兄弟捆绑起来。黎山老母提醒他们："快去救你们的师父吧！"

悟空、八戒、沙僧向黎山老母致谢后，跑向关押师父的地牢，救出了师父。

# 拯救流沙河

救出师父后，悟空把师父挽上电子马，他们继续西行。

呜——呜——，一阵冷风吹来，唐僧打了个激灵。"悟空，我们已经连续赶了两个时辰的路，你们累不累？要不要停下来歇息片刻？"

"师父，我们不累！"悟空拍拍电子马，"这电子马跑得虽快，可坐在上面不及白龙马舒服。师父，您的屁股颠疼了吧？要不要下来歇一会儿？"

沙僧凑上来说："我们走快些，到前面去休息吧。"

"前面？"唐僧和悟空不禁好奇地问，"为什么要去前面休息？"

"哎哟——师父，猴哥，你们看，"八戒手指前方，"前面不就是流沙河吗？那是沙师弟的老家，他是想让我们去他老家休息。"

"哈哈！"悟空笑了起来，对沙僧说，"好，我们快马加鞭，去你的老家休息。你难得重回故里一趟，刚好可以看看老家有没有什么变化。"

于是，沙僧在前面引路，众人跟着他朝前走。

"沙师弟，到了你老家，你得请我们吃特色菜哦！"八戒一边走一边说。

"嗯嗯。"沙僧满口答应。

走着走着，路上的行人多了起来，空气也变得越来越污浊。沙僧暗想：记得我离家的时候，流沙河还是偏僻之地，如今怎么人气这么旺？空气质量怎么这么差？

"沙师弟，你老家真热闹呀！"八戒扛着钉耙乐呵呵地东张西望，"想不到当年那么荒凉的流沙河，现在竟变得如此热闹。"

悟空拍拍沙僧的肩膀："沙师弟，回家不要太激动哦。"

"嘿嘿！"沙僧冲八戒和悟空笑笑，心里却莫名地泛起一阵不安。

"好臭！"突然，八戒捂着鼻子说，"怎么有股臭味？"

沙僧也闻到一股臭味，他很纳闷儿：我的老家怎么变得这么臭？

"沙师弟，你确定这是你的老家——流沙河吗？"悟空指着流沙河问。

只见河两岸堆着许多垃圾，散发出阵阵令人作呕的臭气。一群群苍蝇在垃圾堆上飞舞，一只只老鼠在垃圾堆上翻找东西吃。

岸边空地上坐满了人，他们或吃自己带来的快餐，或围

着烧烤炉吃烤肉，喝啤酒。

　　"师父，您看——"八戒指着那些人，"他们怎么随手乱丢垃圾？哎呀呀，那些人走了，为什么不把地上的垃圾随手带走呢？"

　　"看呀，那些人竟然随地大小便！呸呸呸，真令人脸红！"唐僧指着另一边说。

　　"哎呀，我的妈呀！"沙僧见此情景，鼻子一酸，不禁号啕大哭起来："这还是我的老家吗？我的老家怎么变成大垃圾堆了？这些都是什么人，我的老朋友们呢？"

　　"我猜你的那些老朋友肯定因无法忍受这里的脏乱差，已经离开这里了。"唐僧拍拍沙僧，"别哭了，我们还是赶快渡过流沙河，去其他地方歇息吧！"

　　"河水臭不可闻，我们怎么过河呀？搞不好，船行到半路，我们就被熏（xūn）死了！"悟空气恼地说，"这么多垃圾，肯定不是一日两日堆积起来的。待我叫出土地问一问，这些人凭什么在此乱来！"

　　"阿弥陀佛。悟空，你赶紧问，顺便问问他，当地的环保部门为何不来管管。"唐僧嘱咐完悟空，又对沙僧说，"流沙河是你的老家，也是我当年收你为徒的地方，这个地方对你我都有特别的意义。现在它变成这个样子，我心里也不好受呀！"

　　"师父，我——我把他们都轰走，他们要是再在这里胡来，我就揍他们！"沙僧握紧双拳，一副要打架的架势。

　　悟空对着脚下的土地念咒语，唤土地公公出来相见。谁知咒语念了好多遍，也不见土地公公的踪迹。八戒和沙僧在一边轻声嘀咕："这土地公公是不是偷懒去玩乐了？怎么猴哥叫了这么久他还不出来？"

　　"悟空，是不是你的咒语长时间不用，念错了？"唐僧走到悟空身边问，"实在不行，我打110吧。"

　　"别急！"悟空说，"估计土地年龄大，腿脚不灵便，我们再等一会儿。"

　　"大圣——大圣——"说话间，一个老者弯着腰，挂着拐棍，蹒（pán）跚（shān）而来。

　　"猴哥，那是土地公公吗？"八戒露出吃惊的表情，"他怎么如此打扮？"

　　只见土地公公身穿长袍，头戴安全帽，脸上捂着大口罩，只露出两条长长的眉毛和一双细小的眼睛。

"唐师父莫怪罪我！大圣莫怪罪我！"土地公公走近后，忙不迭（dié）地给唐僧师徒行礼，"我本住在流沙河岸边，逍遥自在了八百年。后来，因流沙河的环境日益恶化，人多嘈杂，遍地垃圾，臭气熏天，我只好搬离这里。刚才听到大圣唤我，我便匆匆赶来。让各位久等了，莫怪，莫怪！"

"土地公公，这流沙河边怎么来了这么多人？还堆了这么多垃圾？"沙僧心急，两三步就蹿到土地公公面前，"这到底是怎么回事？"

"沙僧呀，这事还得从你当年拜唐师父为师说起。"土地公公带着唐僧师徒，走到一处人少的地方，慢慢说起来，"当年，你在这流沙河边拜唐师父为师，后来又追随唐师父去西天取得了真经，这流沙河就出名了，很多人慕名而来。如今，这里已经变成世界闻名的旅游胜地。刚开始的时候，周围的百姓很高兴，因为可以靠旅游致富啊。众人开旅店的开旅店，卖小吃的卖小吃，还有人开旅行社，到处组团到这里来游玩。"

"这不是好事吗？"唐僧不解，"为何现在变成了这般情景？"

"开始的时候的确是好事。"土地公公点点头，接着说，"周围的百姓因为旅游业富了。可是游客的素质良莠（yǒu）不齐，有些人到处丢垃圾，卫生间排队的人多，他们就随地大小便。唉，这些游客搞得我们苦不堪言！"

沙僧气愤地问："难道就没人劝阻这些不文明的游客吗？"

"有呀！"土地公公生气地说，"我和一些环保人士多次劝阻那些不文明的游客，谁知他们不但不听，反而用垃圾砸我们。"

"哎呀呀，这些人真是太可恶了！"悟空听得浑身冒火，举起金箍棒怒吼道，"我真想大开杀戒！"

"猴哥，开杀戒万万不可！应该罚那些人清理垃圾！"说到这里，沙僧转身对唐僧说，"师父，咱们应该拉起横幅，

好好宣传一下保护环境的重要性，让我的家乡尽快变得洁净
有秩序！"

"悟净，你的心愿也是我的心愿！"唐僧从行李中找出
一个大口袋，对徒弟们说，"罚游人清理垃圾，不如我们以
身作则带头清理垃圾。"说完，唐僧走向不远处的垃圾堆。

"师父不愧是师父，思想觉悟真高！"八戒看着师父在
垃圾堆上捡拾垃圾，深受感动，"猴哥、沙师弟，咱们也去
帮忙吧。"

"帮忙？"悟空摇摇头，"这么多垃圾，咱们得捡到猴
年马月呀！咱们应该动员这里所有的人一起行动，还要号召
大家保护环境！"

悟空招呼旁边的游客："游客朋友们，你们慕名到流沙河来旅游，难道愿意在垃圾堆中游玩吗？俗话说，众人拾柴火焰高，我们不如一起把这里的垃圾清理掉，还大家一个洁净的流沙河！"

"喂，你是谁？"一个游客指着悟空说，"我们凭什么听你的？"

"我乃齐天大圣孙悟空！"悟空掏出金箍棒，"看，这是俺老孙的金箍棒！"

"你说是就是啦？我们不信！"围观的人根本不信悟空的话，急得悟空脱口而出："你们要我怎么证明才信？"

"我听说孙悟空很聪明。这样，我考考你！"一个小学生走到悟空面前，"你能回答出我的数学题，我和小伙伴们就承认你是孙悟空，我们就帮你清理垃圾。"

"好，请出题。"悟空答应。

"12乘以14等于多少？"

"168。"悟空不假思索地答道。

"正确！"小学生点点头，招呼旁边的小伙伴，"伙伴们，准备好垃圾袋，我们一起清理垃圾！"

"我也出一道题！"一位女士走出来说，"如果你回答正确，我带领身后的女士帮你清理垃圾！"

"没问题！"悟空点点头。

"请问 23 乘以 27 等于多少？"

"621。"悟空快速回答道。

"完全正确！"女士满意地笑笑，对身后的女士们说，"走，我们加入清理垃圾的队伍！"

"厉害！"一位先生扶了扶眼镜，走到悟空面前说，"我也出题考考你！如果你答对了，我领着全体男士跟你一起清理垃圾！"

"一言为定！请出题！"

"37 乘以 44 等于多少？"戴眼镜的先生问。

"1628。"悟空回答得干脆利落。

那位先生拍了拍手，赞叹道："佩服，佩服！"

"怎么样？我是孙悟空吧？"悟空得意地问。

大家纷纷点头："没错，你就是孙悟空！"

"好，既然如此，我们一起动手清理垃圾吧！"悟空说完正要转身，一个长须老者走了出来。"且慢——"老人用拐棍指着悟空，"我也出一道题，不，我出两道题！"

"老人家，您尽管出！"悟空拍着胸脯说，"我一定尽力回答！"

"请问 21 乘以 41 等于多少？11 乘以 23125 呢？"老者一口气出了两道题。周围的人唰的一下把目光投向悟空，大家都在想：两位数乘以两位数，悟空应该能快速说出答案，但两位数乘以五位数，悟空如何能快速说出答案呢？

也许是看出了大家的疑虑，悟空走到老者面前，胸有成竹地说："这两道题有何难？第一道题的答案是861，第二道题的则是254375。老先生，我答得对吗？"

"完全正确！"老者冲悟空竖起大拇指。

至此，围观的游客对悟空佩服得五体投地，大家齐声高喊："厉害！果然是大名鼎（dǐng）鼎的齐天大圣孙悟空！你要我们做什么，我们一定服从！"

"好，我们一起动手，这里脏乱差的局面很快就能改变！"悟空挽起衣袖，准备大干一场。

游客们有的用手捡，有的用袋子装，附近的村民还推来一些小车。很快，一辆辆小车上就堆满了装垃圾的袋子。

"大家听着，前方不远处有一座垃圾发电站，我们把垃圾运过去，既能处理掉垃圾，又能发电，大家说好不好？"土地公公热心地说，"大家跟我走！"

"土地公公，您年纪大，请坐到我的电子马上带路吧！"唐僧让沙僧把土地公公扶上电子马，一行人浩浩荡荡地拖着垃圾车，向发电站走去。

就这样，流沙河边上的垃圾不见了。沙僧看到故乡又变得洁净了，不禁在心中呼喊："我回来啦！"

故事中，孙悟空之所以能快速说出游客所出的乘法题的答案，是因为他掌握了一些快速计算的技巧。这些技巧到底是什么呢？赶紧来看看吧！学会这些技巧，你也能成为速算高手。

1. 十几乘十几。

**口诀：** 头乘头，尾加尾，尾乘尾。

**例题：** $13 \times 15$。

**思考过程：** $1 \times 1 = 1$，写在百位，$3 + 5 = 8$，写在十位，$3 \times 5 = 15$，15满十，就向前一位进1，5写在个位。

**结果：** $13 \times 15 = 195$。

2. 头相同，尾互补（互补：指两个乘数的尾数相加等于10）。

**口诀：** 一个头加1后乘另一个头，尾乘尾。

**例题：** $22 \times 28$。

**思考过程：** $2 + 1 = 3$，$2 \times 3 = 6$，写在百位，$2 \times 8 = 16$，接排在百位之后。

**结果：** $22 \times 28 = 616$。

**3. 第一个乘数互补，另一个乘数各位数字相同。**

**口诀：**前面的乘数头加1后乘以后一个乘数的头，再尾乘尾。

**例题：** $28 \times 33$。

**思考过程：** $2 + 1 = 3$，$3 \times 3 = 9$，写在百位，$8 \times 3 = 24$，接排在百位之后。

**结果：** $28 \times 33 = 924$。

**4. 几十一乘以几十一。**

**口诀：**头乘头，头加头，尾乘尾。

**例题：** $31 \times 51$。

**思考过程：** $3 \times 5 = 15$，写在最前面，$3 + 5 = 8$，接排在前两位之后，$1 \times 1 = 1$，写在个位。

**结果：** $31 \times 51 = 1581$。

**5. 11乘以两位或两位以上的数。**

**口诀：**乘数首尾不动，各数依次求和，写在中间。

**例题1：** $11 \times 26$。

**思考过程：** $2 + 6 = 8$，把8写在乘数的首数2和尾数6之间。

**结果：** $11 \times 26 = 286$

**例题2：** $11 \times 321427$。

**思考过程：** $3 + 2 = 5$，$2 + 1 = 3$，$1 + 4 = 5$，$4 + 2 = 6$，$2 + 7 = 9$。

结果：3 和 7 分别在头尾，求和的结果依次写在头尾之间。

$11 \times 321427 = 3535697$。

注意，应用这个速算技巧时，如两数相加超过 10 需进位。

**例题 3：**$11 \times 67$。

**思考过程：**$6 + 7 = 13$，13 满十了需要进位，1 与写在前面的 6 相加等于 7。

结果：$11 \times 67 = 737$。

# 做客五庄观

离开流沙河，唐僧师徒继续赶路。

这一日，风和日丽，唐僧师徒说说笑笑不急不忙地前行。傍晚，西边的云霞染红半边天。唐僧看着那美丽的云霞，对八戒说："朝霞不出门，晚霞行千里，明天应该是个好天气。"

"师父说得是！"八戒点点头，摸了摸肚皮，"只是，俺老猪此刻肚子空空，不吃饱喝足，明天怕是再好的天也赶不了路。"

"吃吃吃，你就知道吃！"悟空数落八戒，"你说你，都这么胖了，怎么还总惦记着吃？"

"我不贪吃，人家香喷喷饭庄能请我做形象代言人吗？唉，一说到饭庄，我觉得肚子更饿了！"八戒说着，伸手去沙僧挑着的行李中摸索，"沙师弟，咱还有什么吃的吗？给我些干粮，先垫垫肚子。"

"哪还有什么吃的，在流沙河的时候，我们光顾着清理垃圾，都忘记补充干粮了。"沙僧无奈地拍拍自己的肚子，"我也饿着呢！"

"猴哥，你瞧，沙师弟肚子也饿了，我们是不是找个地方化点斋饭？"八戒冲悟空拱了拱手，"猴哥，人是铁饭是钢，我们虽然是神仙，也不能不吃饭呀！"

"师父，您意下如何？"悟空问唐僧，"要不要先找个地方借宿？"

"悟空，我们走了一天，是该找个地方歇歇了。所谓天有不测风云，就算明天是好天，不代表后天也是好天，就算遇到好天，也未必处处有打尖歇脚的地方。"听了唐僧的话，悟空一边点头称是，一边把手搭在额前，朝前方张望。

"师父，前面有座宅院，我们就去那里借宿吧！"说完，悟空用力按下电子马的"加速"按钮，电子马立刻扬起马蹄，朝着前方宅院奔去。

不多时，4人来到宅院门前。

"好气派！"唐僧从马背上下来，指着朱红大门问悟空，"悟空，你可知这宅院是谁家的？"

悟空回答："师父，这是五庄观呀！您在这里住过，怎么如今不认识了？"

"什么？"八戒一听"五庄观"3个字，脸色大变，"师父呀师父，这里万万住不得。您还记得吗？上次我们偷吃过人家的人参果，闹了个天翻地覆，若不是观音菩萨出手相助，我们都难以脱身。"

"阿弥陀佛！"唐僧羞愧地冲朱红大门施礼，"你们这么一说，我记起来了。既然我们以前在这里闹过不愉快，今日绕道而去吧。"说完，唐僧掉转马头，准备离去。

谁知唐僧师徒刚转身，身后的院门就咯吱一声打开了，两个道童笑眯眯地走了出来，挥手大喊："师父，别走！师父，请留步！"

猛然间被道童一喊，唐僧师徒都吓了一跳。特别是八戒，吓得捂着脑袋大喊："快闪，快闪！冤家抓我们来了！"

悟空则口喊一声"不妙"，提着金箍棒就朝前跑去。沙僧和唐僧一个因为挑着行李，一个因为坐在马上，动作稍稍迟缓了点儿，结果师徒二人被两个道童拦住了："唐师父，请留步！请留步！"

"你们——"唐僧见两个道童拦在马前,无法前行,尴尬地笑笑,"我们还要赶路,请你们行个方便!"

　　"唐师父,既然到了我家门前,为何不进去坐一坐?"一个道童拍拍电子马的屁股,"走,随我进庄休息!"

　　"我们有要事,不方便停留!请让开!"沙僧大声说。

　　"嘿嘿!"两个道童你看看我,我看看你,一起笑起来。

　　他们这一笑,顿时令唐僧头皮发麻,暗想:他们这是在耍什么花招?难道想诱捕我们?

　　见唐僧一脸疑惑,两个道童忙上前解释:"唐师父,我家主人听说您又要从我们这里路过,3天前就派我们二人在此恭候大驾。主人知道您和徒弟们上次在我们这留下了不太美好的记忆,特意让我们用最热烈的方式欢迎你们。"

"哦，原来如此。"唐僧终于打消了顾虑，对沙僧说，"既然主人这么热情，我们就进去借宿吧！"

"好好好！"沙僧高兴地点头。悟空和八戒见道童并无恶意，也放心地走回来，跟着师父一同进了五庄观。

这五庄观外面看着就很豪华，进去后，唐僧师徒更是被各种精致华丽的装饰惊得咋舌。雕龙画凤的屏风，刻着梅兰竹菊的太师椅，还有汉白玉的摆件，红玛瑙（nǎo）的珠串，镶嵌绿宝石的灯饰，直看得唐僧眼花缭乱，不禁问身边的悟空："这地方怎么如此豪华？我记得上次来这里，主人家可没有这么奢华。"

"是呀，是呀！"悟空挠挠头，不解地说，"这镇元大仙的庄子何时变成土豪府邸（dǐ）了？奇怪，奇怪！"

"哈哈，哈哈哈！老朋友，我们又见面了！"伴随着一阵爽朗的笑声，镇元大仙走了进来，坐到了主人的位置上。

"镇元大仙，给您施礼了。"唐僧毕恭毕敬地行了个礼。

"请坐，请坐！"镇元大仙面色红润，看起来心情非常好，"唐师父，多年不见，你越活越年轻了！这是我的人参果的功劳吧？"

"阿弥陀佛！"唐僧赶忙又施一礼，说，"上次取经我绝对没偷吃人参果，都是他们3个嘴馋，偷吃了您家的仙果。"

镇元大仙大笑道："哈哈，如果不是你们偷吃了人参果，我还不知道人参果销路这么好呢！你们知道吗？我现在成了世界闻名的人参果种植专业户。我利用生物科技，将原来的人参果树繁殖成了上万棵果树，在我庄子后面开辟出人参果果园。当然，现在的人参果结果快，产量高，已经不能让人吃一个就活四万七千年了。不过，它的味道很好，还是很受欢迎的。如今我的个人资产已经从几千两银子，增长到几亿两银子了。对了，过几个月，我还准备开办一个人参果开发公司呢！"

"恭喜，恭喜！"听镇元大仙这么一说，唐僧师徒悬着的心落了下来。

"唐师父，"镇元大仙站起来说，"走，我带你们去果园参观参观！"

"好好好！"唐僧师徒高兴地跟着镇元大仙到了果园。

五庄观原本就是天下闻名的庄子，如今又成了闻名天下的人参果第一种植基地，不仅名气变得更大了，财富也更多了。只见院子后面的山坡上，密密麻麻布满了果树，每棵果树都枝繁叶茂，硕果累累。

"唐师父，您知道吗？我这些果子不但供应天庭，还卖给各国各地的普通老百姓。对了，最近我正和嫦娥联系，想让她帮我把人参果卖给一些神仙。"

"哇，真厉害！"悟空竖起大拇指称赞，"想不到您如今成了名扬四海的人参果专业户了！"

"唉——"突然，镇元大仙的脸色转喜为忧，"生意好本来是件好事，可最近我却有了为难之事。"

"为难之事？此话怎讲？"唐僧师徒不解地看着镇元大仙，请他继续说下去。

"当初我建果园的时候，为了鼓励大家齐心协力工作，特地采取了承包制。现在，人参果销路好，承包人都发了财，特别是3个最初和我一起创业的承包人，更是赚得盆满钵（bō）满。可如今我却犯愁了，唉——"镇元大仙说到这里，又叹了一口气。

"大家一起致富不是好事吗？您还有什么愁的？难道是愁钱太多，不知道如何用？这好办，您给我，我保证帮您把

钱都花光！"八戒打趣地说。

"不是钱太多，而是——"镇元大仙指着远处一块地，"最近，我又让人新开垦（kěn）出一块地，想分给那3个和我一起创业的人，让他们用来种人参果树，只是……"

"只是什么？"唐僧不解地问，"若有难处，我们一定鼎力相助！"

镇元大仙指着那块地说："这块地是长方形的，长90米，宽40米，长边的中点处有一口井。我想将这块地平均分为3份，同时让井为3块地共有。请问唐师父，我该如何划分这块地呢？"

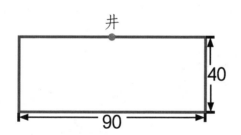

"这——"唐僧看看3个徒弟，"徒儿们，你们可有什么高招？"

"这个嘛——"徒弟们互相看看，眉头紧锁，思考起来。

"谁若能帮我解决这个难题，我就送他一百两银子！"镇元大仙拍着胸脯保证，"我决不食言！"

"猴哥，你聪明，你快想想！"八戒来到悟空身旁，让

悟空趴在一块大石头上，给悟空又是揉背，又是敲肩。

"此事说难也难，说不难也不难。"悟空的话一出口，八戒和沙僧不约而同地向他翻了个白眼。

八戒说："你这话等于白说！"

"嘿嘿。"悟空笑起来，"别急，我不过是开个小玩笑。田地这样划分，可以保证3块地的面积一样大，井也能共用。来，我给你们画个示意图。"说着，悟空从石头上下来，捡起一根树枝在地上画了一张图。

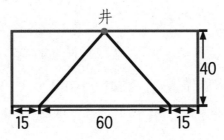

井

40

15    60    15

"面积一样大吗？我来算算。"八戒开始演算起来，"三角形的面积＝底×高÷2＝60×40÷2＝1200（平方米），梯形面积＝（上底＋下底）×高÷2＝（15＋45）×40÷2＝1200（平方米）。它们的面积果然一样大。"

"没错，井正好在3块地的交会点上。哈哈，真是妙极了！"镇元大仙顿时转忧为喜，兴奋地拉起唐僧和悟空的手说，"你们解决了困扰我多日的难题，太感谢啦！今天我要请你们吃一顿人参果全席，让你们吃个痛快，吃个过瘾！"

"镇元大仙，光请我们吃东西可不行，您得兑（duì）现刚才的承诺，给我们一百两银子！"八戒拉住镇元大仙的袖子，"您可不能言而无信哦！"

"给给给，一定给！"镇元大仙示意身边的道童去取银子。

八戒激动地拉着悟空的胳膊说："猴哥，太好了！有了银子我们就可以买机票去印度了。剩余的银子，我们就用来吃印度菜，还有印度飞饼。你说可好？"

"好极了！到时候再找一个印度耍蛇人给我们表演。哈哈，那我们就可以好好乐呵了！"说到这里，悟空手舞足蹈起来。

"一百两银子来喽！"那个道童端着托盘走出来。八戒和悟空伸长脖子看过去，本以为会看到一堆白花花的银子，谁知却是一大堆印有图案的卡片。

　　"请收下我们特制的人参果购买券，这些就相当于一百两银子啦！"镇元大仙将那些卡片塞到悟空、八戒的手中，"我们的人参果在世界各地都能买到，所以这些卡片你们到哪儿都能用来买人参果。"

　　"啊？是人参果购买券！"八戒失望地说，"白高兴了一场。"

　　悟空说："罢了罢了，有人参果吃也不错。"

　　众人决定去餐厅吃饭，谁知道童这时大叫着跑过来："不好了！不好了！"

"怎么了？"镇元大仙问，"莫慌，慢慢说来！"

"刚才我把这块地的分割方案告诉了3位承包人，谁知他们3人又闹了起来！"

"这是为何？"镇元大仙不解地问。

"他们3人每天都要派各自的道童打水浇人参果树。3人的道童分别是清风、明月和雨露，清风一次需打一桶水，明月一次需打两桶水，雨露一次需打3桶水。每打满一桶水要用1分钟。他们不知道如何安排打水的顺序，才能使打水和等候所需要的总时间最少。"

"阿弥陀佛。"唐僧淡定地说，"此事并不难。"

"唐师父有何高招？"镇元大仙及其他人一起看向唐僧，"高僧就是高僧，遇到问题一点儿也不慌呀！"

"嘿嘿。"唐僧笑了笑，说，"打水顺序是：先清风，后明月，最后雨露。这样安排的理由是：让占用时间最少的人先打水，这样3人总的等候时间就最少。他们3个人都打完水，总共会用1+（1+2）+（1+2+3）=10（分钟）。"

镇元大仙听了唐僧的安排，连连称好，他命道童记下唐僧说的办法，然后兴高采烈地招呼大家："走，我们去餐厅吃饭！今天一定要吃饱吃好！"

"走，俺老猪要吃108个人参果！哈哈！"八戒拍了拍自己的大肚皮，逗得大家一阵大笑。

**知识板块**

在日常生活和学习、工作中，我们经常会遇到一些事情，需要进行合理安排，既要在某一段时间内做好几件事，又要尽可能节省时间、人力和物力。这就是合理安排的问题。故事中，给清风、明月和雨露安排打水顺序的事情，就属于这类问题。解决这类问题时，既要考虑做事所需要的时间，又要合理利用等待的时间，这样才能做出合理安排。

下面举几个例子。

**例题1：**妈妈早晨起来刷牙、洗脸需用4分钟，整理床铺需用2分钟，烧开水需用8分钟，泡麦片需用1分钟，吃早餐需用5分钟，然后去上班。请你帮妈妈安排一下做这几件事的顺序，使妈妈尽快去上班。请问妈妈做完这些事最少需用多少分钟？

**分析与解答：**如果按照题目中所给的顺序去做每件事，那么共需要 4＋2＋8＋1＋5＝20（分钟）。但这样安排做事的顺序，我们不难发现：在烧开水的8分钟里，妈妈未做其他事情。这就有些浪费时间了，应该充分利用这段时间来做其他事情。所以妈妈应该起床后先烧水，然后刷牙、洗脸、整理床铺。这样，几件事情都做完总共需要 8 + 1 + 5 = 14（分钟）。

**例题 2：** 甲、乙、丙 3 辆汽车同在一个加油站排队加油，3 辆车分别需加 40 升、25 升、30 升油。假如每分钟加入车里的油为 5 升，问按怎样的顺序加油，才能使 3 辆车等待加油和加油的时间总和最少？最少需要多少分钟？

**分析与解答：** 我们先分别求出每辆车需要多长时间才能加满油，甲需要 40 ÷ 5 = 8（分钟），乙需要 25 ÷ 5 = 5（分钟），丙需要 30 ÷ 5 = 6（分钟）。然后再根据占用时间少的事情先进行的原则，让需要时间最少的汽车先加油，所以加油顺序应为乙、丙、甲，所需总时间最少为 5×3 + 6×2 + 8×1 = 35（分钟）。其中 5×3 = 5 + 5×2，计算的是乙车加油的时间与丙车、甲车等待的时间之和，6×2 = 6 + 6，计算的是丙车加油的时间与甲车等待的时间之和。

# 偶遇白骨精

　　唐僧师徒在五庄观美美地享用了一顿人参果盛宴，又安安稳稳地睡了一个好觉。

　　第二天一早，镇元大仙领着众人送唐僧师徒西去。分手的时候，道童给他们送上一大包人参果鲜果。

　　"镇元大仙，谢谢您的款待！"唐僧不停地行礼。

　　3个徒弟这次在五庄观做客，因为主人热情，不计前嫌，所以心中留下满满的快乐。

　　"想不到镇元大仙对我们这么好！"走出五庄观好远，八戒还在感慨，"给我们吃那么多人参果不说，还把最好的房间给我们住。哎呀呀，感动，真是感动死了！"

　　"是呀，早知今日，当初我就不该偷人家的人参果，还推倒人家的人参果树。惭愧，惭愧呀！"悟空用力敲了一下自己的头。

　　"徒儿们，知错就改，善莫大焉。虽然这次再走取经路，我们心里多少有些不情愿，可出来这段日子，不断遇到故人，我倒有了一种与更多故人相见的期待。"唐僧说到这里，手指前方，"你们说，接下来我们会遇到哪位故人呢？"

"师父，我和您有同样的想法。"八戒甩着衣袖说，"前面，我希望能遇到一位女施主，我……"

"嗯？八戒，你在胡说什么？"唐僧闻言，眉头一下子拧了起来，"出家人不可胡思乱想！"

"师父，您听我把话说完呀！"八戒提起衣服下摆，噘着嘴委屈地说，"您瞧瞧我的裤子，破了好几天了。如果遇到女施主，我想请她替我缝一缝，补一补。"

"阿弥陀佛，为师错怪你了。"唐僧不好意思地冲八戒行礼，八戒噘起的嘴巴这才舒展开。

说话间，他们来到一片桃园前。

"哇，桃子！"悟空手指着桃园，激动得又是挠头，又是跳脚，"师父，快看呀，这里有桃子！哦，都是水蜜桃！"

"你先别光顾着高兴，这桃子是有主人的！"八戒指着桃园围墙，那里立着一块告示牌，上面写着：

**此树是我栽，此园是我开。若敢偷桃子，小命送过来！**

"咱们要吃桃子，得用小命换呢！"八戒说完，用手背擦了擦嘴角的口水，"我的妈呀，这桃园的主人是什么人呀，竟然说出这么狠的话来。"

"这桃园的主人真霸气！"悟空不满地说道，"就算有人嘴馋偷吃了桃子，也犯不着要人家的命呀！"

"悟空，人家辛苦种桃，当然不希望被人偷吃。"唐僧双手合十念声"阿弥陀佛"，接着说，"你们想吃桃，不如我们用镇元大仙送的人参果和主人换几个。"

"师父英明！""师父聪明！""师父高明！"

3个徒弟一起朝唐僧竖起大拇指，唐僧谦虚地说："徒儿们过奖了。"

于是，悟空和八戒从袋子里取出一些人参果，喊上沙僧，走到桃园门前，正要敲门，却发现门上挂着3把大锁。

"糟糕，今天我们没口福，主人不在家，想用人参果换水蜜桃也换不成了。"八戒生气地跺了一下脚。3个人垂头丧气地回到唐僧身边。

"师父，我们走吧。桃园3个'铁将军'把门，今天这水蜜桃是吃不到了！"八戒说到这里，一副要哭的模样，"唉，

看着这么好的桃子吃不到，真心焦！"

　　"心焦算什么，我这馋虫在胸口爬，闹得我浑身难受。我真想冲进园子，大吃特吃一顿！"悟空说到这里，举起金箍棒，"不如我砸了门上的锁，进园子里……"

　　"悟空，为人要本分！你若再有邪念，为师要念紧箍咒了！"唐僧说到这里，抬起手，做出念咒的姿势。

　　"师父呀师父，上次取经回来后，观音菩萨已经除去了我头上的金箍，您现在念咒，我可不怕了！"悟空说到这里，嬉皮笑脸地冲唐僧做了个鬼脸。

　　"是吗？你头上的金箍没了？"唐僧命悟空靠近，"让我看看。"

　　"不信，您瞧——"悟空收起金箍棒，把头伸过去。唐僧迅速从衣袖中取出一个金箍套在悟空头上，不等悟空反应过来，那金箍已经牢牢卡在他头上了。

"师父！"悟空摸到头上的金箍，惊得大叫，"您，您坑我！"

"悟空，你不要埋怨为师！这次出门，在十里亭前，观音菩萨悄悄将这金箍塞给我，说在路上找个机会给你戴上。不为别的，只为对付你的臭脾气。"唐僧说到这里，双手合十，补充道，"观音菩萨也是好意，希望你能严格要求自己，时刻注意自己的言行举止。"

"好吧。"悟空摸着金箍自言自语道，"既然是观音菩萨的意思，我就戴着吧。"

经过这番闹腾，悟空早没了吃桃的心情，他将人参果塞回袋子，扛着金箍棒，默默地朝前走去。八戒和沙僧见悟空又戴上了金箍，心中滋味万千，跟在悟空后面，也悄无声息地走着。

于是，师徒前后相随，从桃园边走过。谁知，他们刚走出四五十米，迎面走来一个女子。只见她戴着面纱，拎着提篮，低着头，步履匆匆。

砰！这女子和悟空撞个满怀。悟空心中有气，正要张口骂人，手摸到了头上的金箍，一张怒气冲冲的脸顿时阴转多云，多云又转晴。"没事，没事！俺老孙撞不坏。"

"对不起，对不起！"女子连连鞠躬，不停地道歉，"都怪小女子走路不注意，撞到了您！"

"小事一桩，不足挂齿！"悟空大手一挥，不予计较。

八戒和沙僧站在边上打量着女子，低声议论："这人好眼熟。""是呀，说话的声音听起来也很熟悉！"

沙僧和八戒相互对视一眼，走到女子面前，齐声问："女施主，请问您怎么独自一人在这荒郊野外？不怕有坏人吗？"

"咦？对呀，我怎么没想到？"悟空用手猛拍自己的额头，自责道，"我只顾着生气，却忘了保护师父的职责！这野外，为何平白无故出现一个女子？"悟空忙举起金箍棒，站到唐僧身边，"师父，小心，有不明身份的女子出现！"

"哼，你这个脾气不改的臭猴子！"女子听到悟空的话，大声道，"想不到过了这么久，你还是这副德行！"

"啊？"众人听到女子的话，张口结舌，半天才醒过神来，"请问，你是？"

"是我！"女子拿掉面纱。

八戒率先大叫："白骨精！"

可不是嘛，这女子正是昔日和悟空上演过"三打白骨精"好戏的白骨精！

"注意，保护师父！"悟空、八戒和沙僧齐声高喊。

唐僧站在3个徒弟身后，不解地指着白骨精问："上次我们取经，你不是被我的大徒弟打……"

"没错！"白骨精点点头，"那一年，我3次变身要伤害你，结果每次都被孙悟空识破。最后一次，我本会毙命，在临死前，我幡（fān）然悔悟，于是，观音菩萨决定再给我一次机会，但要求我改过自新，不再做伤天害理的事儿，更不能害人性命。就这样，我回到荒山，开始了新生活。我靠自己的双手，开荒山，种桃树，研究新品种的水蜜桃，开始了自给自足的美好生活。"

"哦，原来如此！"唐僧师徒听到这里，才放松下来，不再那么紧张。孙悟空将举起的金箍棒放下，问白骨精："你

的意思是，我们刚才路过的桃园是你的？"

"没错！"白骨精点点头，"我怕别人偷我的桃子，特地修了围墙，还竖起了告示牌。"白骨精说到这里，扭头对唐僧说，"虽然我现在依然叫白骨精，可我完全不同于以前啦，'白骨精'的名字也另有其意。"

"是吗？能给我们说说吗？"八戒好奇地问。

"白——因为我为了提高桃子的品质，经常请人白吃，然后对我的桃子提意见；骨——因为我夜以继日地工作，身形骨瘦如柴；精——我经常加班加点不知疲倦，大家都说我

精力旺盛，这三方面合起来就是——白骨精！"说到这里，白骨精抬起手腕看了看表，焦急地说，"哦，我不能再和你们聊了，我还有重要的事情要忙！拜拜！"

看着匆匆离去的白骨精，唐僧不由得感叹道："想不到白骨精能改过自新，变成现在的样子。真令人高兴呀！"

"是呀！"八戒点点头，正要说话，不料悟空伸手在八戒脑袋上用力一敲："呆子，既然桃园是白骨精的，我们为什么不和她换桃子吃？"

"对呀！"八戒犹如醍醐灌顶，扛着钉耙，一路小跑着追赶白骨精，"白骨精，等一等！白骨精，等一等！"

"你有什么事情？请讲。"白骨精停下脚步问八戒。

"我们刚才路过你的桃园，很想尝尝那些诱人的桃子。当然，我们不会白吃你的桃子，我们用五庄观的人参果和你换。"

"用人参果换我的桃子？"白骨精看着八戒问道。

"怎么，你不愿意？人参果可是高级水果！"八戒生怕白骨精不肯换，忙补充一句，"大不了，我们用两个人参果换你一个水蜜桃。"

"不是我不肯换，而是我现在有一个难题没法解决，倘若你们师徒能帮我解决这个难题，我就请你们白吃一顿水蜜桃，不用拿人参果换。"白骨精说。

"真的吗？"八戒激动极了，忙冲师父他们招手，"师父，师父，我们可以白吃一顿桃子啦！"

唐僧、悟空和沙僧听八戒这么一喊，忙跑上前来。八戒乐呵呵地说："白骨精真是变成大好人了！哎呀呀，这一路遇到的故人，对我们可真好！"

"师父，"八戒吞下一口口水，带着几分歉意说，"白吃桃子之前，我们得先帮白骨精解决一个难题。"

"难题？什么难题？"唐僧问白骨精，"请细细说来，我们师徒一起帮你想办法解决。"

"是这样，"白骨精掀开蒙在提篮上的花布，从提篮里拿出 10 个桃子放到地上，说道，"下个月是嫦娥的生日，她准备在广寒宫开个派对。

为了好好招待朋友，她特地到我这来订购了一些桃子。"

"哇，白骨精，你真了不起，生意都做到广寒宫去了！"悟空冲白骨精竖起大拇指。

"孙大圣，你先听我说完。"

白骨精脸上毫无喜色，"这生意恐怕做不成啊！你们知道吗？嫦娥买我的桃子，有一个特别的要求，她让我将10个桃子分装到6个印着寿字的袋子里，要保证每个袋子里的桃子都是双数。"

"6个袋子，10个桃子，每个袋子里的桃子还得都是双数，这可怎么分？"八戒挠挠头，看向沙僧。

沙僧耸耸肩膀，说："看来咱们吃不成桃子了。"说完，他看向悟空，"大师兄，你最喜欢吃桃子了，你快想办法来解决这个难题吧！"

"我……"悟空本想向唐僧求助，可是他看到两个师弟都用信赖的目光看着自己，便改变了想法：我是大师兄，不能在师弟们面前丢了面子，我要努力让大家吃上桃子。想到这里，他走到白骨精面前，对她说："把桃子和袋子都给我，让我想一想怎么分。"

"给你！"白骨精将10个桃子和6个袋子摆放到悟空面前。悟空看着这些东西，大脑飞快地转啊转啊，几分钟后，他笑了："哈哈，其实这个难题很容易解决！你们看——"

悟空开始动手将桃子装进袋子：每两个桃子装进一个袋子里，最后将装有桃子的5个袋子一起装进第六个袋子里。这就满足了嫦娥的要求。

等悟空分装完毕，白骨精不禁拍手称好。

"猴哥，你不愧是大师兄，真是太聪明啦！"八戒和沙僧一起竖起大拇指。唐僧也在一旁赞许地点头。

**知识板块**

数学中常有一些带有智力测验性质的问题，解决这类数学问题，一般不需要比较复杂的计算，而常常需要借助灵感、技巧和从不同角度、途径去思考，来获得答案。这类数学问题被称为智巧问题。故事中孙悟空帮助白骨精解决的难题，就属于这类问题。下面我们再看两道智巧问题。

**例题1：**一杯纯牛奶，小强先喝了半杯，然后加满凉开水，又喝了半杯，再加满凉开水，这次全部喝完。请问小强喝的牛奶多，还是凉开水多，还是两者一样多？

**分析与解答一：**小强总共喝了两杯，牛奶是一杯，所以凉开水也是一杯，因而答案是小强喝的牛奶和凉开水一样多。

**分析与解答二：**小强加了两次凉开水，每次加半杯，所以总共加了一杯凉开水，最后都喝完了，牛奶原本也是一杯，所以小强喝的牛奶和凉开水一样多。

**总结：**分析与解答一是从整体出发去思考，分析与解答二是从过程出发去思考。

**例题2：**某学校进行乒乓球单打比赛，参赛选手有48人。如果采用单场淘汰赛，最后产生一名冠军，那么一共要打多少场比赛?

**分析与解答：**单场淘汰赛，就是打一场比赛就淘汰一人。参赛选手共48人，只产生一名冠军，就要淘汰48-1 = 47（人），所以一共要打47场比赛。

**例题3：**4个小朋友4天做了4个玩具，请问20个小朋友20天可以做多少个玩具？

**分析与解答：**根据"4个小朋友4天做了4个玩具"这个条件，我们可以知道1个小朋友4天做1个玩具。现在问20个小朋友20天可以做多少个玩具，我们根据1个小朋友4天做1个玩具，可先求出20个小朋友4天可以做20个玩具，而20天是4天的5倍，所以20天做出的玩具数也应该是20的5倍，因此20个小朋友20天可以做100个玩具。

白骨精遇到的难题被悟空完美地解决了，她满心欢喜，高高兴兴地打开桃园大门，让唐僧师徒进去敞开肚皮大吃了一顿水蜜桃，白骨精还盛情邀请唐僧师徒到自己家去歇息。悟空边吃边深有感触地说："只要肯动脑，世上无难题！"

# 遇险莲花洞

看到昔日害人的白骨精变成了好人，唐僧师徒都非常高兴。在白骨精的一再挽留下，他们就在白骨精家中多歇息了几日，八戒的破裤子也被白骨精补好了。

这一日清晨，唐僧师徒打点行装，告辞了白骨精，继续向西而去。走了一上午，前面出现一座高山，挡住了去路。

悟空望了望山顶，说："你们看，这山顶冒着黑烟，妖气很重。为了防止意外，我们派一个人去巡山，找到安全过山的路以后，我们再和师父一起翻过这座山。"

　　"巡山？这苦差事我可不去，要去你自己去！"八戒把钉耙往草丛里一丢，胖身子往草地上一躺，嘟嘟囔囔地抱怨道，"这几天我们尽吃人参果和白骨精送的桃子了，一点儿干粮都没进肚。今日又阳光猛烈，走了大半天，我早已经浑身无力，两眼发花，腿肚子直哆嗦了。你说巡山，好，你有力气，你去！俺老猪可不去！"

　　"你——你不去也得去！"悟空气恼地揪着八戒的耳朵把他拉起来，"我们4人中，你最胖最能吃，你去巡山，顺便减减肥！"

　　"哎哟——哎哟——"八戒疼得高声喊叫，"师父，救命！师父，猴哥欺负我！"

　　"好了好了，别闹了！你们既然不肯去巡山，那咱们就直接进山吧！"唐僧说罢启动电子马，准备进山。

121

悟空和八戒忙拦住唐僧："师父，别别别，您若遇到危险，麻烦可就大了！"

沙僧想出一个主意："我建议大师兄和二师兄来一场比赛。"他伸手指向远处一棵大树，"从我们站的地方到那棵大树大概有1000米，大师兄和二师兄一起跑过去，看谁先到达，赢的休息，输的去巡山。"

"好！"悟空和八戒都认为沙僧这个办法很公平，点头同意。

沙僧在地上画出一条起跑线，然后站到一边当裁判。随着沙僧一声令下，悟空和八戒奋力向大树跑去。悟空率先到达大树，八戒尽管拼命追赶，最终还是落后100米，输了。

"不算，不算！"八戒不服气，"刚才俺老猪没有准备好，

这次比赛不算数。臭猴子，我们重新比一次！"

"好好好，这次我退后100米，如果你再输，不许耍赖，必须去巡山！"说完，悟空从起跑线处向后退了100米，准备重新和八戒赛跑。

"二师兄，不用比了，这次你肯定还会输！"沙僧冲八戒喊道，"我劝你还是省点儿力气，直接去巡山吧！"

"呸呸呸！"八戒不高兴地说，"臭猴子欺负我，你也欺负我！我们还没比，你怎么就断定我会输？"

"二师兄，不要生气。"沙僧笑起来，"我这么说是有根据的。"

"根据？什么根据？"八戒瞪着沙僧，"你给我看清楚了，这次我肯定能赢！哼，臭猴子这次退后了100米，我再不赢他才怪！"

第二局跑步比赛开始，八戒撒开腿，使劲儿跑向终点，可是他又输了。

"你——你——"八戒难以置信地看着悟空，"怎么回事？我怎么又输了？这是为什么？"

"二师兄，别生气了，你听我给你分析分析。"沙僧拍拍八戒的肩膀，给他分析起来，"大师兄第一次领先100米到达终点。我们设大师兄的速度为1，那么你的速度便为

900÷1000=0.9。

　　"第二次比赛时，虽然大师兄跑的距离为1100米，但是在大师兄跑完1100米的时间（1100÷1=1100）内，你跑过的距离为1100×0.9 = 990（米），所以大师兄到达终点时，你还落后大师兄10米呢！"

　　"原来如此！"八戒听完沙僧的分析后恍然大悟，"这样算来，我应该让臭猴子退后110米。"八戒想了一会儿，"噢，不，退后110米我还是会输，应该是退后112米。"说到这里，八戒死皮赖脸地对悟空说，"猴哥，最伟大的猴哥，我们再比一次吧。这次你退后112米，好吗？"

　　"八戒啊八戒，"唐僧看不下去了，开口说道，"两次比赛你都输了，我看你就不要耍赖了，快去巡山吧。"

　　"师父，"八戒还想要赖，见唐僧闭上双眼念起经来，悟空和沙僧也就地躺下休息，只好怏怏不乐地去巡山了。

　　等了两小时，八戒还迟迟没有回来。唐僧不禁担心起来："悟空，八戒去了这么久，怎么还不回来？他不会出什么意外吧？"

　　"师父您别担心，"悟空晃着二郎腿优哉游哉地说，"我猜他在什么地方睡觉呢！"

　　"这……"唐僧伸长脖子朝山上的小路方向看了看，自语道，"那我们再等等。"

3人又等了好一会儿，八戒依然没有回来。这时，沙僧站了起来："师父，大师兄，我去找找二师兄！"

　　"我们还是一起去吧！"悟空抓起金箍棒，一脸担心地说，"但愿这呆子是躺在什么地方睡觉。若是遇到妖怪，那麻烦可就大了！"

　　于是，师徒3人沿着山路急匆匆地进了山，不一会儿，两个长相奇特的妖怪迎面走来。

　　"不好，这山里果然有妖怪！"悟空大喝一声，挥起金箍棒就想打。

　　那两个妖怪急忙拱手大喊："孙大圣饶命啊！"

　　"你们是何妖怪，想干什么？"悟空怒喝道。

　　"您千万别打我们！"一个小妖满脸恐慌地说，"我叫伶俐虫，他叫精细鬼。我家主人是莲花洞洞主，他听说你们师徒要去印度参加世界数学研讨会，便特地派我们在此等候，请你们到洞中去做客。"

　　"就是！就是！"精细鬼在一旁点头哈腰地补充道，"八戒已经先去莲花洞了，此刻应该正在和我们洞主聊天、吃美食呢！我们两个是特地来迎接3位师父的。"

　　"怪不得八戒一去不回，原来他在大吃大喝呀！"沙僧说完，回身请示唐僧，"师父，既然莲花洞洞主热情好客，我们就一起去洞中拜访一下他吧！"

"也好！"唐僧和沙僧决定跟随小妖前去莲花洞。

悟空却拦住了他们："师父，我们出发的时候，观音菩萨赠送给我们的小册子上写着'不要随便跟陌生人走'，您忘记了？"

"这……"唐僧犹豫起来。那两个小妖见状，走上前来，一左一右地架着唐僧的胳膊，连拉带拽（zhuài）地说："唐师父，走吧，走吧！我们不是什么陌生人，更不是坏人，您就放心跟我们去洞中吧！我们洞主准备了很多好吃好喝的东西呢！"

"慢！"悟空怒气冲冲地指着两个小妖，"坏人从不说自己是坏人！"

正当唐僧师徒和两个小妖拉扯间，一阵阵震耳欲聋的吆喝声从四面八方响起，转眼间，一群妖怪将唐僧师徒3人团团围住。

"孙悟空，别来无恙呀！"随着一声大喊，唐僧师徒看到山顶出现两张熟悉的面孔。

"原来是金角大王和银角大王！"悟空看着那两人大喊，"看来你们邀请我们做客是假，想抓我师父是真！"

"哈哈，哈哈哈！"金角大王狂笑起来，"上次你们去西天取经时，我们兄弟好不容易从太上老君那里溜了出来，可惜后来还是被发现了，结果被太上老君收了回去，唐僧肉没有吃成。得知你们如今又要去西天，哈哈，我们趁着太上老君去会老友又溜了出来，这次我们非要吃到唐僧肉不可！"

"做梦！"悟空挥舞金箍棒，挡在唐僧前面，"沙师弟，你快带着师父离开这里！"

"想逃？休想！"银角大王挥舞手臂大喊，"小妖们，今天我们有唐僧肉吃了，你们统统给我上，把唐僧师徒给我绑了！"

"谁敢过来？我的金箍棒可没长眼睛！"尽管悟空高声呵斥，小妖们却不理会，他们挥舞着武器，纷纷冲上前来。为了保护师父和沙僧撤退，悟空挥舞金箍棒和妖怪们厮（sī）打起来。

孙悟空虽然有一阵子没有好好用一用金箍棒了，但他毕竟武功高强，小妖虽多，但论功夫可比悟空差得多了，所以很快便落了下风。金角大王见势不妙，便抬起一只手放到唇边，叽里咕噜地念起咒语来。

$975 \times 935 \times 972 \times (\quad)$

呜——呜——呜——，远处一座大山飞来，轰隆一声将悟空压在山下。悟空被压后，沙僧一人护不住唐僧，很快师徒二人便被小妖们用绳子捆上，拖走了。

"师父！沙师弟！"悟空在山下眼睁睁地看着师父和沙僧被抓走，又气又急，用力挣扎。谁知，这山越是挣扎压得越紧，越挣扎变得越沉重，悟空只觉得胸口沉闷，连喘气都困难了。这是为什么？悟空很纳闷儿。

悟空扭头看向山顶，只见山顶贴着一道符咒，上面写着一道算式：$975 \times 935 \times 972 \times (\quad)$。

"看来是这符咒搞的鬼！"悟空看着符咒想，"只是我不知这符咒如何来破解，不如叫个人来问问。"想到这里，悟空低声念咒，唤来山神。

"大圣，"山神匆匆赶来，慌张地问道，"大圣唤我何事？"

"你可知这山上的符咒如何解？"悟空望向符咒问。

"只要在那个括号中填入一个最小的数，让这个算式的得数的最后4位数字都是0，符咒便可以解开，大圣就能脱身了。"山神说到这里，捋（lǚ）了捋自己的白胡子，充满歉意地说，"我老了，脑子不灵光了，所以这解符咒的事，我恐怕爱莫能助了！"

"没事，没事！"悟空摇摇头，静静思考了片刻，对山神说："请填上数字20！"

"20？大圣肯定？"山神好心提醒悟空，"这符咒乃是如来佛祖设计，如果填错了，将被压在山下五千年！大圣，你可要考虑清楚呀！"

"考虑清楚了！"悟空笃定地对山神说，"你快去帮我填上数字吧！"

山神虽然有些担心，但还是依悟空所言，将数字20填到符咒上的括号当中。果然如悟空所料，符咒解开了！瞬间，悟空从山下脱身而出。

"大圣，你真棒！"山神冲悟空竖起大拇指，"大圣是如何算出来的？"

"山神，我现在得赶去救师父和沙师弟他们，救出他们我再与你细细说来。"悟空谢过山神，径直奔向莲花洞……

悟空匆匆赶到莲花洞，却见洞门紧紧闭合着，他围着洞口转了3圈，也没有找到一丝缝隙，气得百爪挠心，却又无计可施。

"怎么办？怎么办？金角大王、银角大王一心要吃师父的肉，此刻师父是否安好？还有八戒和沙僧，他们可都平安？"悟空心中百般担忧。

知识板块

故事中，山顶那个符咒上的算式，要使积的最后4位数字都是0，那这个连乘算式的积必须是10 000的倍数。我们知道，2乘以5等于10，积中有一个0。现在，我们来分析符咒上的连乘算式，看能分解出几个2和5：

$975 = 5 \times 5 \times 39$，$935 = 5 \times 187$，$972 = 2 \times 2 \times 243$

共有3个5和两个2，至少需要再乘两个2和一个5，才能使连乘积的末尾出现4个0。

所以，填入括号的最小数字应该是 $2 \times 2 \times 5 = 20$。

# 巧脱红葫芦

悟空无法进入莲花洞，又气又急，举起金箍棒对着洞门就是一阵乱砸乱敲。

"快把我师父送出来！快把我师父还有师弟们送出来！"悟空边喊边砸，一会儿洞门就被砸出好几个凹槽，那门上的门钉脱落一地。

"该死的妖怪，再不乖乖把我师父和师弟们送出来，我就放火了！"悟空威胁道。

吱嘎一声，洞门缓缓打开，金角大王和银角大王并肩走了出来。

"孙猴子，没想到你这么快就从山下出来了。不过，你吵也是白吵，快快走开，不要惹恼了我们！"金角大王呵斥道。

"若要我离开，就速速把我师父和师弟们送出来！"悟空手握金箍棒，横眉冷对，"上次取经路上，我和你们交过手，你们可都是我的手下败将！"

"是呀，上次我们是输了，可不代表这次我们还会输！"金角大王一副不屑的表情，他转身对站在身后的伶俐虫说，"去，拿我的宝物来！"

"你也去把我的宝物拿来！"银角大王对身后的精细鬼发出命令。

很快，伶俐虫托着一只紫金红葫芦出来了，精细鬼则捧着一只羊脂玉净瓶，两个小妖小心翼翼地把手中的宝物送到各自主人面前。

"哈哈，哈哈哈！"悟空看看紫金红葫芦，又瞧了瞧羊脂玉净瓶，不禁大笑起来，"你们屁颠颠地拿出这两个古董，是要送我当纪念品吗？"悟空揉揉自己的肚皮，强忍住笑，"你们若拿出个刀啊棍的，还能和我打上几个回合，这两样东西，我早就见识过了。喂，一会儿打架的时候，如果我一不小心把这两个古董砸烂了，你们可别哭，更别要我赔偿！嘻嘻，俺老孙的金箍棒可没长眼！"说完，悟空抡起金箍棒，在洞口舞弄起来。只见金箍棒忽而旋转似飞轮，忽而上下似利剑，

看得小妖们眼睛都花了。

"孙悟空，你别逞（chěng）能！"金角大王怪笑道。一边的银角大王跟着嚷道："对呀，你休得张狂！"

"哈哈哈！你们两个妖怪才休得张狂，想吃我师父的肉？做梦！有什么花招，你们尽管使出来，俺老孙可不是好惹的！"

这时，远处突然传来阵阵喊叫声："悟空，我在这里，快来救我啊！悟空，是你来救我了吗？"这声音听起来很像唐僧的。

悟空一心急着救出师父和两个师弟，没有想到其中有诈，所以未仔细辨别，便赶紧答道："师父，别害怕！俺老孙来救您啦！"话音一落，只见洞口卷起一阵狂风，悟空感到一股强大的吸力在拉扯自己，他的身体腾空而起，转眼间，他就被吸到了金角大王手中的紫金红葫芦里了。

"哈哈哈！"金角大王见悟空上当了，怪笑着挖苦道，"孙猴子，你在里面舒服吗？想不到，当年你被我这宝葫芦收进去过，如今还是没长进，我的手下假装你师父的声音，骗你答应。你是知道的，叫你的名字，如果你答应了，我的宝葫芦就会把你吸进去。孙猴子，你虽然在太上老君的炼丹炉里炼过，但也扛不住我这宝葫芦的法力！等过上三天三夜，你就会化成一摊水！到时候，我看你怎么救唐僧！"

"呀呀——呸！"悟空被困在葫芦里，听了这番话，懊恼至极。他举起金箍棒一阵猛砸，可葫芦毫发无损。怎么办？悟空强迫自己冷静下来，眼珠子转了转，想出一个好办法。

"哎哟——哎哟——"悟空在葫芦里发出痛苦的呻吟声，"这里面好闷呀，俺老孙喘不上气来了，别说三天三夜，恐怕3分钟都撑不住了！"说完，只听悟空一声惨叫，接着咚的一声，葫芦里没了动静。

"孙猴子是不是被闷死了？"金角大王举起葫芦上下摇动几下，然后贴到耳朵边仔细听了片刻，然后欣喜地大喊道，"哈哈！兄弟，我估计孙猴子死翘翘了！我们现在可以放心地吃唐僧肉了！"

"太棒了！"银角大王很兴奋，忍不住左右摇摆屁股，兴奋地说，"大哥，大哥，你打开葫芦盖，让我看看这臭猴子凄惨的死相！"

"好！"金角大王点点头，掀开葫芦盖，眯起眼睛正要朝里面看个仔细，突然一股白烟从里面飘了出来，吓得金角大王把葫芦扔到了地上。

"哈哈，俺老孙出来了！"

原来这股烟是悟空变的。

悟空逃出葫芦后，顺手从地上拾起葫芦。"金角大王！银角大王！"悟空把葫芦对准二人，大喊他们的名字。银角大王刚要答应，金角大王忙上前用手捂住他的嘴："小心，千万别答应！快，快跟我躲进暗道！"

"别跑！快把我师父交出来！"悟空大喊着追上前去，举起金箍棒就向银角大王砸了下去，这时却不知从什么地方飞来一根绳索，将悟空牢牢地捆住了。

"孩儿们，幸亏我及时赶到！"说话的是一个老妖，只见她拄着拐棍走过来，"金角，银角，我的幌（huǎng）金绳专捆各路神仙，你们现在不用怕了！"

"多谢干娘搭救！"金角大王、银角大王一起给老妖行礼。

悟空被幌金绳束缚住手脚，用力挣扎了几下，果然动弹不得。3个妖怪围着悟空转了一圈后，老妖说："精细鬼、伶俐虫见你二人有危险，便打电话让我来帮忙。这不，幸亏我

及时赶到，否则你们就惨了！"

"孩儿再次谢谢干娘！"金角大王对着老妖鞠了个躬。

银角大王凑上来，喜滋滋地说："干娘，您来得正好，我们抓到了唐僧，马上让小妖们将他洗干净，晚上我们一起吃唐僧肉！"

"唐僧在哪儿？"老妖急切地问。

"您跟我们走。"金角大王、银角大王带着老妖走到暗道边，拉下机关，走了进去。悟空看着他们在暗道中消失，心急如焚，却毫无办法。

"孙大圣！"正当悟空焦急万分的时候，土地公公从地下冒了出来。

"土地，快帮我解开这绳索！"

"孙大圣，这幌金绳是九尾狐那老妖的。上次你在取经路上打死了她，可她有九条命，又复活了，如今又在作恶。她这幌金绳有240厘米长，解下来并不难，只需拽住一头就能拉下来……"

没等土地公公把话说完，悟空就催促道："那就快点儿给我拉开！"

"大圣别急，听我把话说完。这幌金绳具有强大的法力，即使把它拉下来你也无法逃脱。唯一的逃脱办法，就是把它拉下来后，在15秒内一剪刀将其分成7段，而且要保证5段40厘米长，2段20厘米长，否则这幌金绳还会再次缠绕到你身上，将你勒死！"

"啊？这么厉害！"悟空看看身上的幌金绳。

"大圣，若你有办法按要求一剪刀把它分成7段，我可以助你一臂之力！"土地公公说完，从宽大的袖子中拿出一把大剪刀。

"让我想一想！"悟空想了一会儿说，"应该这样剪：等拉下幌金绳之后，先把240厘米长的幌金绳折出等长的6段，然后从中间一刀剪下去，这样就符合要求了。"

"这果然是个好办法！"土地公公听了悟空的话，立刻动手。幌金绳断了，悟空获得了自由。

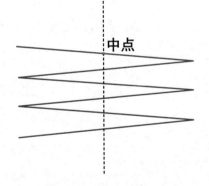

中点

故事中，悟空解决剪绳子问题的方法的确巧妙。在数学中有很多类似的分割图形的问题。来看看下面这两道题吧：

**例题 1：** 你可以用两条线将右边这个图形分割成形状、大小都相同的 4 块吗？并且每块上都要有一颗五角星。

**分析与解答：** 要想平均分割一个图形，一定要考虑这个图形的对称性。此题的分法如右图。

**例题 2：** 下图是由 3 个正方形组成的图形，请你把它分成大小、形状都相同的 4 个图形。

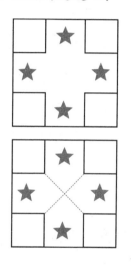

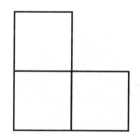

**分析与解答：** 我们可以将图中的每个正方形都平均分成 4 份，这样原来的图形就被平均分成了 12 份。然后，再把这个图分成大小、形状都相同的 4 个图形，每个图形应该占 3 份，具体分法见下页图。

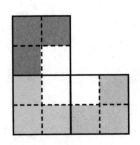

"多谢土地相助！"悟空抱拳谢过土地公公之后，立刻奔到暗道边，学着妖怪的样子拉下机关，进入暗道，打了妖怪们一个措手不及。

"饶命呀！饶了我们吧！"金角大王和银角大王没料到悟空突然来袭，吓得抱头鼠窜。悟空手拿紫金红葫芦大喊他们二人的名字，慌乱中，他们顺口答应了，结果瞬间被吸进了葫芦里。那老妖见两个干儿子被吸进葫芦里，吓得一命呜呼。

唐僧、沙僧和八戒终于平安脱险。

欲知后事如何，请看下一册——《巧破图形阵》。